Holger König, Peter Erlacher

Baubiologische Elektroinstallation

Elektrische Felder und Strahlung erkennen, messen und vermeiden

öko buch

Staufen bei Freiburg

Die Deutsche Bibliothek – CIP-Einheitsaufnahme

König, Holger:
Baubiologische Elektroinstallation : elektrische Felder und
Strahlung erkennen, messen und vermeiden / Holger König ;
Peter Erlacher. – 1. Aufl. – Staufen bei Freiburg : ökobuch, 2000
  (ökobuch Faktum)
  ISBN 3-922964-68-8

ISBN 3-922964-68-8

1. Auflage 2000
2. Auflage 2002

© ökobuch Verlag, Staufen bei Freiburg
  Alle Rechte vorbehalten
  email: oekobuch@t-online.de
  http://www.oekobuch.de

Layout: usw., Uwe Stohrer, Freiburg
Druck: fgb Freiburger Graphische Betriebe

Inhaltsverzeichnis

1. Licht und Strahlung

Für viele Jahrtausende war das Feuer die einzige Strahlungsquelle, mit der die Menschen Licht und Wärme künstlich erzeugen konnten. Durch die Entdeckung der Elektrizität und ihre technische Nutzung, die gegen Ende des 19. Jahrhunderts eine erste Blütezeit erlebte, wurden völlig neue Energieformen erschlossen. Von besonders weitreichender Bedeutung war die Möglichkeit, Energie an einem Ort zu erzeugen, sie in Form von elektrischem Strom über weite Strecken zu transportieren und erst am Einsatzort bedarfsgerecht in Bewegungs-, Wärme- oder Lichtenergie umzuwandeln. Dieser Vorzug der elektrischen Energietechnik hat die Entstehung von städtischen Ballungsgebieten erst möglich gemacht.

Die Arbeit der naturwissenschaftlichen Forscher führte damals innerhalb weniger Jahrzehnte zur Entdeckung und Nutzung der vielfältigen Formen von elektromagnetischer Strahlung, z.B. der Radiowellen, der Röntgenstrahlung und der Radioaktivität. Die neuen Formen weltweiter Kommunikation durch Telegraph, Telefon, Funk, Fernsehen und Internet haben innerhalb eines Jahrhunderts nicht nur den Lebensstil, sondern auch die Strahlungsverhältnisse auf der ganzen Welt grundlegend verändert.

Das sichtbare Licht, das der Mensch wie Luft und Wärme zum Leben braucht, umfaßt nur einen kleinen Ausschnitt aus dem Spektrum der elektromagnetischen Strahlung, die auf den Menschen und seine Umwelt einwirkt. Die nicht sichtbaren Anteile der elektromagnetischen Strahlung sind uns nicht bewußt, da wir – abgesehen von den Augen – über kein direktes Sinnesorgan für Strahlung verfügen. Um die Wirkung der nicht sichtbaren Strahlung auf den Menschen wird es in den nächsten Kapiteln gehen, während das sichtbare Licht hier nur am Rande behandelt wird. Daneben werden auch die Auswirkungen elektrischer und magnetischer Felder betrachtet, die zunehmend in unser Alltagsleben hineinwirken. Elektrische und magnetische Felder ebenso wie die verschiedenen Formen der elektromagnetischen Strahlung beeinflussen die Lebewesen auf der Erde in ihren Regungen und Lebensgewohnheiten. Wie schmal der Grat zwischen gesunder und krankmachender Strahlung sein kann, zeigt ein einfaches Beispiel: Setzen wir uns zu lange der „herrlichen" Sonnenstrahlung aus oder ist sie in großer Höhe bzw. durch Zerstörung der Ozonschicht zu intensiv, kann es schnell zu schmerzhaften und gesundheitsschädlichen Verbrennungen der Haut kommen.

Zu den Strahlungsformen aus natürlichen Quellen, die seit altersher auf den Menschen einwirken, gehören u.a.

- die Atmospherics (langwellige Wetterstrahlung),
- die Weltraumstrahlung (mit sehr geringer Intensität im Radiofrequenzbereich),
- das infrarote bis ultraviolette Licht der Sonne als Energiequelle und Motor allen Lebens,
- die durch den Sonnenwind (Teilchenströme von der Sonne) bedingte sogenannte Höhenstrahlung und
- die radioaktive Strahlung aus der Erde.

Hinzu kommen heute die vielfältigen Strahlungen aus künstlichen Quellen, die vorwiegend durch die technische Entwicklung in den letzten hundert Jahren entstanden sind: Radiowellen durch Rundfunk, Fernsehen, Telekommunikation, Radar; „Mikrowellen" durch Geräte in Industrie, Medizin und Haushalt; Röntgenstrahlung in Medizin, Diagnose- und Fertigungstechnik sowie künstliche Radioaktivität durch friedliche und kriegerische Nutzung der Kernenergie. An die Einwirkungen der natürlichen Strahlung haben sich die Lebewesen und auch der Mensch über Generationen hinweg angepaßt; gegen sie können wir uns ja auch nur in sehr beschränktem Maße schützen. Anders verhält es sich mit der Strahlung aus künstlichen Quellen: Da wir über subtile Wirkungen und Gefahren der menschengemachten Strahlungen zum Teil nur sehr wenig Verläßliches wissen, ist es angebracht, im Umgang mit diesen künstlichen Strahlen, Wellen und Feldern vorsichtig zu sein. Allerdings ist ein vorsorglicher Umgang nur möglich, wenn wir über die verschiedenen Formen der elektromagnetischen Strahlung und ihre Wirkungen auf den Menschen informiert sind. Was heute an Wissen vorhanden ist, sollte beim Bau unserer Häuser oder beim Einrichten der Wohnungen berücksichtigt werden.

Im Alltag gebrauchen wir „strahlende" Gegenstände ganz selbstverständlich. Wir benutzen z.B. einen Staubsauger mit Elektromotor, wir schalten den Fernseher ein oder wir greifen zum Telefon; wir gehen ins Sonnenstudio, der Arzt röntgt unseren verstauchten Fußknöchel, oder abgebrannte Brennelemente werden in Spezialcontainern schwer bewacht durch das Land gefahren. So unterschiedlich die Erscheinungen und Wirkungen sind, für den Physiker sind alles dieses Formen von elektromagnetischer Strahlung, die sich nur in Wellenlänge und Intensität voneinander unterscheiden.

2. Strahlen, Wellen, Felder

Ein Exkurs in die Physik – oder:
Wie beschreiben wir die nicht sichtbaren Phänomene?

2.1 Elektrische und magnetische Felder

In der Physik wird der Begriff „Feld" benutzt, um die räumliche Verteilung (die Struktur) einer bestimmten physikalischen Größe zu beschreiben. Ein Kraftfeld, wie z.B. die Schwerkraft der Erde, beschreibt die Stärke der Kraftwirkung in Abhängigkeit vom Ort, z.B. innerhalb eines Raumes; so wirkt die Schwerkraft der Erde nicht nur an der Oberfläche, wo wir uns aufhalten, sondern wirkt weit in den Weltraum hinein. Die Schwerkraft nimmt, um bei diesem Beispiel zu bleiben, mit zunehmendem Abstand von der Kraftquelle, also von der Erde, ab, bis sie in den Tiefen des Weltraumes ihre Wirkung verloren hat. Andere Felder können andere Charakteristiken aufweisen.

Da im folgenden immer wieder von Feldern die Rede sein wird, ist eine kurze Erläuterung des Feldbegriffes und der verschiedenen Arten von Feldern nützlich:

- Felder, die sich zeitlich nicht oder nur sehr langsam verändern, werden statische Felder oder Gleichfelder genannt. Beispielsweise ist die Erde von einem statischen Magnetfeld umgeben, dessen Zentrum sich im Erdmittelpunkt befindet und das an den magnetischen Polen aus der Erde austritt. Die Achse der magnetischen Pole ist zur Zeit um 11° zur Erdrotationsachse geneigt (die sogenannte Deklination).
- Felder, deren Stärke periodischen Veränderungen unterliegt, nennt man Wechselfelder. Ein elektrisches Wechselfeld entsteht z.B. in der Umgebung eines von technischem Wechselstrom durchflossenen Kabels.
- Je nach Ursache und Art der Feldwirkung wird unterschieden in elektrische Felder (zwischen elektrisch geladenen Körpern), magnetische Felder (in der Umgebung von Magneten und stromführenden Leitungen), elektromagnetische Felder (Radiowellen, bei denen elektrische und magnetische Felder verkettet sind), Gravitationsfelder (Kraftfeld aufgrund der Schwerkraft, das hier nicht weiter behandelt wird), u.ä.

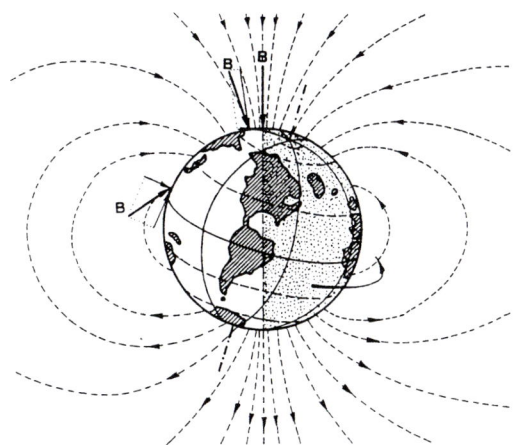

2.1
Erdmagnetfeld mit beispielhaften Aufteilungen des Induktionsvektors in die horizontale und vertikale Komponente.
Quelle [1]

Elektrische Ladung und elektrische Felder

Materie, also jeder Körper, ob sehr klein (z.B. Elektron) oder sehr groß (z.B. Erde), kann elektrisch geladen sein, und zwar sowohl positiv (mit plus bezeichnet) als auch negativ (mit minus bezeichnet). Elektronen sind negativ geladene Teilchen (minus), die sich um den Atomkern bewegen; die Erde ist ein negativ geladener Körper, der von einer positiv geladenen Atmosphäre umgeben ist.

Geladene Körper erfahren aufgrund ihrer Ladung eine Kraftwirkung; Körper mit ungleichen Ladungen (plus – minus) ziehen sich an, solche mit gleichnamigen Ladungen stoßen sich ab. Die Stärke der Kraft hängt vom Abstand der Körper und von der Stärke der Ladungen ab.

Die Wirkung der elektrisch geladenen Körper im Raum wird als elektrisches Feld bezeichnet und mit dem Buchstaben E (E-Feld) gekennzeichnet. Befindet sich im Raum zwischen den Ladungen ein Körper mit einer eigenen Ladung, so wirkt – als Folge der Ladung im elektrischen Feld – eine Kraft F auf diesen Körper. Daher kann das elektrische Feld auch als Fähigkeit zur Kraftwirkung interpretiert werden. Für diese Wirkung muß kein Strom fließen.

Die räumliche Verteilung des elektrischen Feldes wird durch sogenannte Feldlinien dargestellt. Es ist vereinbart, daß die elektrischen Feldlinien immer bei der positiven Ladung beginnen und bei der negativen Ladung enden.

Magnetische Felder

Elektrostatische Kraftwirkung entsteht durch den Potentialunterschied zwischen ruhenden geladenen Körpern. Sobald sich die elektrische Ladung von Körpern verändert, d.h. sobald Ladung bewegt wird, fließt ein elektrischer Strom, der auch eine magnetische Kraftwirkung verursacht. Die Fähigkeit des elektrischen Stromes zur Kraftwirkung wird als magnetisches Feld (H) oder auch als H-Feld bezeichnet. Die magnetischen Feldlinien sind in sich geschlossen und legen sich kreisförmig um den elektrischen Stromleiter, so daß um jeden stromdurchflossenen Leiter räumlich ein magnetischer Zylinder entsteht.

Frequenz und Wellenlänge

Periodische, d.h. sich wiederholende Vorgänge sind in der Elektrotechnik sehr verbreitet. Das Maß für die Zahl der Wiederho-

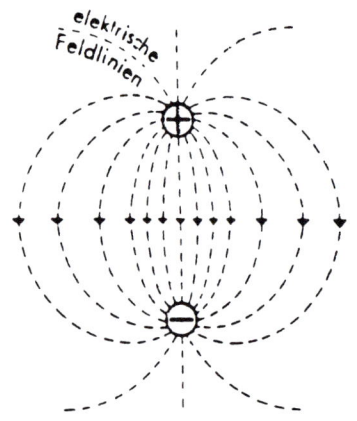 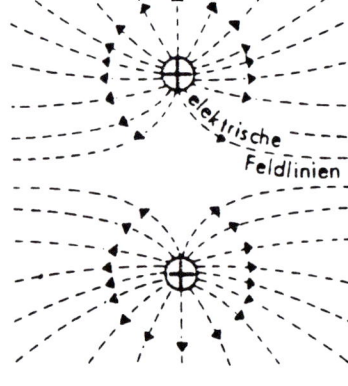

2.2
Verlauf der Feldlinien bei einem elektrostatischen Feld
a) zwischen zwei ungleichnamigen Ladungen
b) zwischen zwei gleichnamigen Ladungen.
Quelle [1]

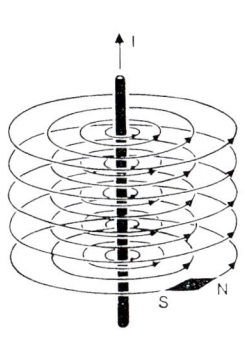
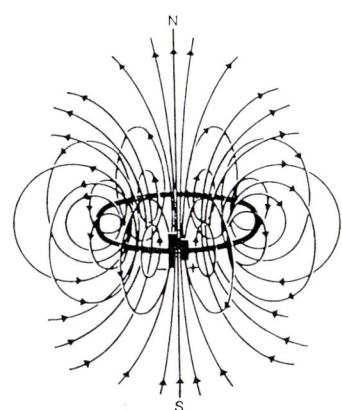
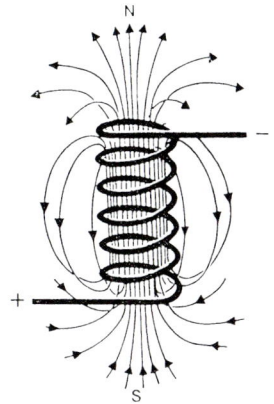

lungen (Perioden, Wellen) pro Zeiteinheit, Frequenz f genannt, wird in Hertz und höheren Potenzen davon angegeben:

- 1 Hz = 1 Schwingung pro Sekunde,
- 1 Kilohertz (1 kHz) = 1000 Hz,
- 1 Megahertz (1 MHz) = 1000 kHz und
- Gigahertz (1 GHz) = 1000 MHz.

Werden beispielsweise in einer Sekunde 5 Zyklen durchlaufen, so spricht man von einer Schwingung mit einer Frequenz von 5 Hertz.

Die Ursache von Strahlung sind periodisch veränderliche elektrische und magnetische Felder, wobei die Frequenz dieser Felder bzw. der resultierenden Strahlung einen großen Einfluß auf die physikalischen Eigenschaften der Strahlung hat. Das Spektrum reicht von der Wetterstrahlung (Atmospherics) mit extrem niedriger Frequenz (ca. 1 Hz), die deswegen auch ELF-Strahlung (extrem low frequency) genannt wird, über den Bereich der Rundfunkwellen (100 kHz bis 3000 MHz) und bis hin zur sekundären Höhenstrahlung, die mit 10^{21} Schwingungen pro Sekunde eine extrem hohe Frequenz hat. Die Höhe der Frequenz bestimmt also die physikalischen Eigenschaften und die Erscheinungsform der Strahlung, insbesondere deren Fähigkeit, Materie zu durchdringen.

2.3
Elektrischer Strom erzeugt ein Magnetfeld.
a) Magnetisches Feld um einen stromdurchflossenen Leiter.
b) Magnetisches Feld in der Umgebung von zwei in Gegenrichtung durchströmten Leitern
c) Durch eine Spule erzeugtes Magnetfeld.
Quellen [2], [29]

2.4
Harmonische Schwingungen (T = Periodendauer); E_{max} wird Maximalwert und E_{eff} der Effektivwert der Spannung oder des Stromes genannt.

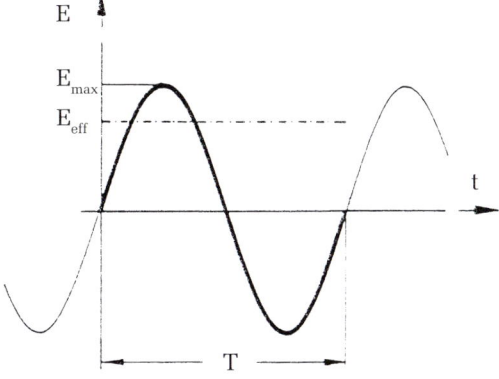

9

Die in einer Periode (T) zurückgelegte Strecke einer sich ausbreitenden Welle wird als Wellenlänge (λ) angeben. Alle elektromagnetischen Wellen sind masselos und breiten sich mit der Lichtgeschwindigkeit c aus (c = $3 \cdot 10^8$ m/s = 300.000 km/s). Da die Fortbewegungsgeschwindigkeit für alle masselosen Wellen gleich ist, muß die zurückgelegte Strecke, also die Wellenlänge, bei der Höhenstrahlung sehr klein sein (λ = c / f » $3 \cdot 10^{-13}$ m = $3 \cdot 10^{-4}$ nm). Die Wellenlänge von Rundfunkwellen liegt zwischen 1000 m (Langwelle, 300 kHz) und 1 m im UKW-Bereich (UltraKurzWelle, 300 MHz), die der Fernseh- und Mobilfunksender im Bereich der UltraHochFrequenz (UHF) bei 1 bis 0,1 m (entsprechend 300 MHz bis 3 GHz). Zu noch kürzeren Wellenlängen hin schließen sich die Mikrowellen (f > 3 GHz) an, die für Richtfunkverbindungen, aber auch in Mikrowellenherden zur Erwärmung von Speisen in größerem Umfang genutzt werden.

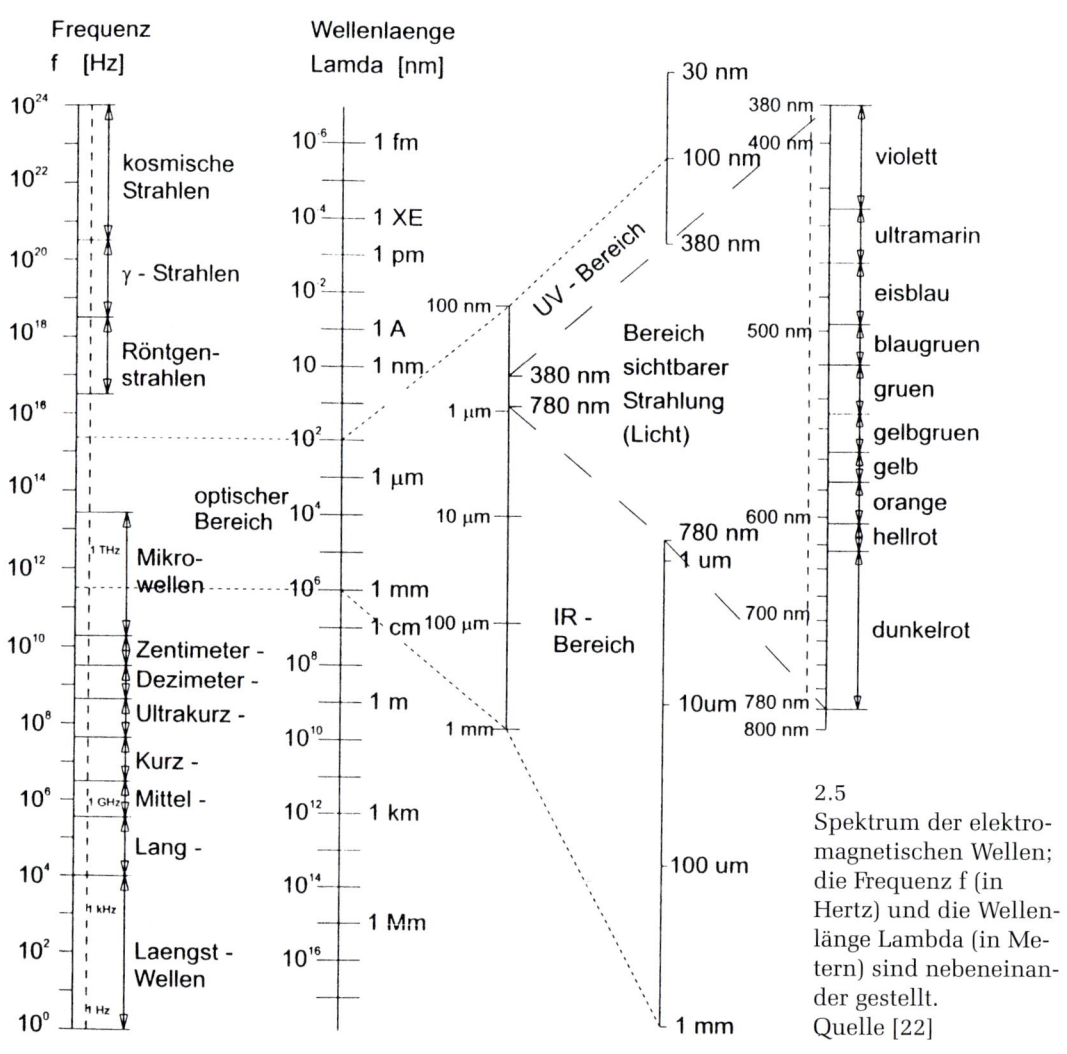

2.5
Spektrum der elektromagnetischen Wellen; die Frequenz f (in Hertz) und die Wellenlänge Lambda (in Metern) sind nebeneinander gestellt.
Quelle [22]

Energie und Strahlung

Wenn elektrische und magnetische Wechselfelder zusammenwirken und dabei Energie an die Umgebung abgeben, die sich frei im Raum ausbreitet, spricht man von elektromagnetischer Strahlung. Der Energieinhalt der Strahlung ist stets ein Vielfaches der kleinsten Einheit, dem sogenannten Strahlungsquantum. Dabei ist der Energieinhalt dieser Strahlungsportionen von der Frequenz der Strahlung abhängig – je höher die Frequenz, umso energiereicher die Strahlung. Im Hinblick auf biologische Wirkungen wird unterschieden zwischen nichtionisierender und ionisierender Strahlung.

Bei der nichtionisierenden Strahlung sind die Strahlungsquanten nicht energiereich genug, um die molekulare Struktur von Stoffen zu zerstören. Die biologische Wirkung ist dadurch vorwiegend abhängig von der Intensität der Strahlung, d.h. von der Menge der Strahlungsquanten pro Fläche, die gleichzeitig auftreten, und von der Dauer der Einwirkung. Ein typischer Fall nichtionisierender Strahlung ist die Wärmestrahlung im Infrarotbereich. Verbrennungen treten bei zu großer Hitze und zu langer Einwirkung auf. Bei der nichtionisierenden Strahlung können deshalb Schwellenwerte der Intensität für eine direkte biologische Schädigung angegeben werden.

Bei ionisierender Strahlung ist bereits ein Strahlungsquant so energiereich, daß es den chemischen Zustand eines Moleküls verändern bzw. dessen Struktur zerstören kann. Dies bedeutet, daß bei ionisierender Strahlung, unabhängig von der Intensität, immer die Gefahr einer biologischen Schädigung besteht. Eine Röntgenaufnahme schadet dem Körper immer, aber es wird das Risiko der Schädigung des Körpers gegen den diagnostischen Nutzen für den Arzt abgewogen. Die Grenze zwischen nichtionisierender und ionisierender Strahlung liegt, abhängig von der Art der Materie, etwa am Übergang zwischen sichtbarem und ultraviolettem Licht.

Läßt man die Bereiche der Wärmestrahlung, des sichtbaren Lichtes und der noch kurzwelligeren ionisierenden Strahlung einmal außer Acht, so umfaßt das Spektrum der technisch genutzten elektromagnetischen Strahlung einen Frequenzbereich von 1 Hz

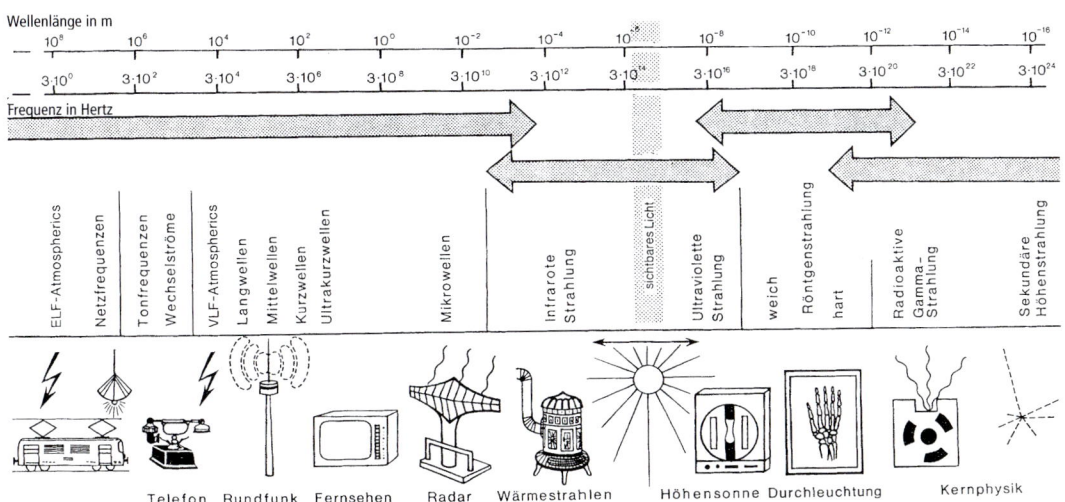

2.6 Bezeichnungen und Anwendungen von elektromagnetischer Strahlung über einen weiten Frequenzbereich. Quelle [29]

Spannung - Strom - Leistung

Zur Beschreibung des elektrischen Stroms sind Spannung und Stromstärke zwei sehr wichtige Begriffe.

Die elektrische *Spannung* (Formelzeichen: U), gemessen in Volt (V abgekürzt), die an der häuslichen Steckdose anliegt, beträgt 230 Volt. Welche *Stromstärke* (Formelzeichen: I), gemessen in Ampère (A abgekürzt), beim Einschalten eines Gerätes fließt, hängt von der *Leistungsaufnahme* des angeschlossenen Gerätes ab.

Die elektrische *Leistung* (Formelzeichen: P) ergibt sich aus der Multiplikation von Spannung und Stromstärke:

$$P = U \cdot I.$$

Angegeben wird die Leistung in Watt (W abgekürzt): 1 Watt = 1 Volt · 1 Ampère.

Eine 230 V-Glühlampe mit 100 Watt Leistung nimmt beim Einschalten einen Strom von   100 W/ 230 V = 0,43 A auf.

Eine bestimmte Leistung kann entweder mit niedriger Spannung und hoher Stromstärke oder mit hoher Spannung und niedriger Stromstärke übertragen werden:

> 1.000 W = 230 V · 4,3 A oder
> 1.000 W = 12 V · 83 A

Für den Stromtransport über größere Entfernungen werden bevorzugt hohe Spannungen verwendet, da sich der elektrische Widerstand der Leitungen bei kleinen Stromstärken weniger nachteilig auswirkt. Die Überlandleitungen in Deutschland arbeiten mit Spannungen von 380.000 V und 3 - Phasen-Drehstrom. Diese Hochspannung wird an den Verbrauchspunkten stufenweise auf Spannungen von 110 kV über 20 kV bis auf 400 V bzw. 230 V Spannung für den Haushaltsstrom heruntertransformiert. An der Steckdose steht schließlich 230 V Wechselstrom (1 - phasig) zur Verfügung. Drehstrom mit 3 Phasen wird im Haushalt nur für starke Stromverbraucher wie Elektromotoren, Elektroherde etc. benötigt. Das übrige Versorgungsnetz des Haushaltes ist in der Regel für einphasigen Wechselstrom ausgelegt.

Spannung - Strom - Feldstärke

So wie die Wechselbeziehung zwischen Strom und Spannung die Leistung beeinflußt, verhalten sich auch die elektrischen und magnetischen Felder bei gleicher Leistung. Eine hohe Spannung bewirkt ein starkes elektrisches Feld, eine hohe Stromstärke dagegen hat ein starkes magnetisches Feld zur Folge.

Um eine Beleuchtungsleistung von 100 Watt zu erhalten, kann eine Glühbirne mit 230 Volt und knapp 0,5 Ampère betrieben werden oder eine Niedervoltlampe mit 12 Volt und rund 9 Ampère. Dies bedeutet aber, daß für die Niedervoltlampe ein fast 20 mal höherer Strom nötig ist. Entsprechend entsteht bei Niedervoltlampen ein kleines elektrisches Feld und ein relativ starkes magnetisches Feld.

(1 Schwingung pro Sekunde) bis zu 1000 GHz (1000 Milliarden Schwingungen pro Sekunde), also mehr als 12 Zehnerpotenzen. Innerhalb dieses großen Bereiches verhält sich die Strahlung sehr unterschiedlich, sowohl bezüglich Ausbreitung und Durchdringung von Materie, als auch hinsichtlich ihrer biologischen Wirksamkeit. Deshalb ist es unmöglich, pauschale Aussagen über die gesundheitlichen Gefahren zu machen, die von Strahlung ausgehen können. Ebensowenig kann der Nachweis gesundheitlicher Gefahren durch Strahlung in einem bestimmten Frequenzbereich auf Strahlung in anderen Frequenzbereichen übertragen bzw. verallgemeinert werden.

An dieser Einführung in die Begriffe der Elektrotechnik, die mit Feldern und Strahlung unmittelbar zusammenhängen, wird bereits deutlich, wie schwierig es ist, sich eine lebendige Vorstellung von den „unsinnlichen" Phänomenen der Elektrizität zu machen. Gemessen an diesem physischen Mangel ist es erstaunlich, wie selbstverständlich und wie wenig bewußt wir die Geräte und Hilfsmittel, die mit elektrischem Strom angetrieben werden, im täglichen Leben benutzen.

2.2 Das elektrische Gleichfeld

Elektrisch geladene Körper sind stets von einem elektrischen Feld umgeben. Ist die elektrische Ladung der Körper zeitlich konstant, spricht man von einem elektrischen Gleichfeld. Die Stärke des elektrischen Feldes ist abhängig von der elektrischen Spannung zwischen den Körpern, gemessen in Volt, und vom Abstand der Pole, gemessen in Metern.

Beispielsweise beträgt die Spannung zwischen den Polen einer Flachbatterie für Taschenlampen 4,5 Volt; bei einem Polabstand von 5 cm zwischen den Metallzungen der Batterie läßt sich die elektrische Feldstärke des Gleichfeldes ohne weiteres berechnen:

- $E = 4{,}5 \text{ V} / 0{,}05 \text{ m} = 90 \text{ V/m} = 0{,}9 \text{ V/cm}$

Entstehung und Eigenschaften

In jedem Material sind negativ und positiv geladene Teilchen enthalten. Die Wirkung dieser elektrischen Ladungen innerhalb eines Körpers hebt sich nach außen hin auf, der Körper erscheint von außen betrachtet elektrisch neutral . Wird nun ein Körper, der aus Materialien mit unterschiedlicher elektrischer Affinität besteht, getrennt oder werden 2 elektrisch verschiedenartige Materialien aneinander gerieben, so können die ursprünglich miteinander vermischten Ladungsträger getrennt werden. Dies läßt sich beispielsweise im Winter gut beobachten, wenn wir einen kunstfaserhaltigen Pullover aus- oder anziehen. Ebenso tritt eine Ladungstrennung auf, wenn Schuhsohlen aus Gummi über einen Teppichboden streifen oder wenn ein Kunststoffvorhang durch die vorbeiströmende Luft aufgeladen wird. Die Aufladung der Körper ist um so stärker, je schlechter die Materialien elektrische Ladungen leiten. Schlechte Leiter sind die meisten Kunststoffe, Glas, Bernstein, aber auch trockene Luft.

Schon die Griechen des Altertums beschrieben, daß Bernstein, der an einem Stück

Stoff oder Fell gerieben wurde, kleine Teilchen an sich zieht. Bernstein heißt auf griechisch „Elektron". Dieses Wort übernahmen die Römer ins Lateinische und sprachen von „Elektrum". Im 17. Jahrhundert nannte der Leibarzt der englischen Königin, Dr. William Gilbert Stoffe, die geriebene andere Teilchen anziehen konnten, „corpora electrica" oder elektrische Materialien. Im 18. Jahrhundert wurden Maschinen entwickelt, die das mühevolle Reiben und Aufladen von Bernstein, Glas, Wachs oder Schwefel mechanisierten, die sogenannten „Influenz"-Maschinen. Damit konnten sehr hohe Spannungen erzeugt werden (allerdings nur sehr geringe Ströme), wie durch starke Entladungsfunken zwischen den Elektroden eindrucksvoll bewiesen wurde; ähnlich aufgebaute Elektrisierapparate teilten beim Berühren der Elektroden elektrische Schläge aus. Technisch nutzbar waren diese Phänomene nicht. Erst mit der Erfindung der Batterie durch Alessandro Volta um 1800 wurde es möglich, die Elektrizität genauer zu studieren. Volta erzeugte Elektrizität auf chemische Weise, indem er sogenannte galvanische Elemente herstellte und mehrere davon miteinander verband.

Solche Batterien aus mehreren Elementen lieferten nicht nur eine relativ konstante Spannung, sondern auch eine ganze Zeit lang elektrischen Strom, so daß man das elektrische Feld ausgiebig untersuchen konnte.

Natürliche Gleichfelder

Zwischen der Erdoberfläche und der Ionosphäre in 60 bis 80 km Höhe besteht ein annähernd statisches elektrisches Feld. Dabei sammeln sich an der Erdoberfläche überwiegend die negativen Ladungsträger und in den oberen Schichten der Atmosphäre überwiegend die positiven Ladungsträger (Ionen). Durch kosmische Strahlung, UV-Licht und die radioaktive Strahlung aus der Erde werden kontinuierlich neue Ladungsträger erzeugt (Ionisation), die dafür sorgen, daß dieses Feld aufrecht erhalten bzw. erneuert wird.

Die Stärke des elektrischen Feldes auf der Erdoberfläche variiert erheblich. Sie ist abhängig von der Form der Erdoberfläche, von der Bepflanzung, von der Bebauung, der Jahreszeit, dem Wetter und vielen anderen

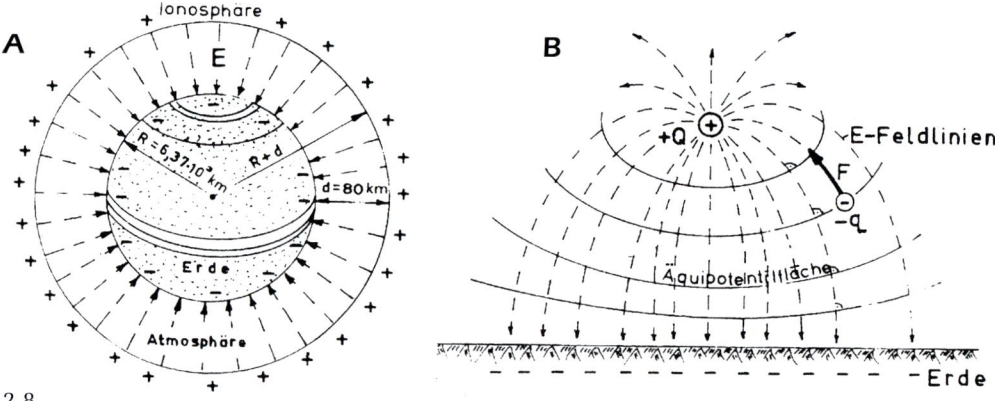

2.8
Elektrostatische Felder in der Natur:
Links die Darstellung des *homogenen* Feldes zwischen der negativ geladenen Erdoberfläche und der positiv geladenen Ionosphäre. Rechts der beispielhafte Verlauf eines *inhomogenen* Feldes zwischen einer punktförmigen, oberflächennahen elektrischen Ladung (positiv) und der Erdoberfläche (negativ geladen). Quelle [24]

Einflußfaktoren. Während die Feldstärke in Tälern zum Teil nur ca. 20 V/m beträgt, erreicht sie auf Bergen Werte von 250 V/m; im Winter liegt sie im Durchschnitt bei 130 V/m und im Sommer bei 270 V/m. Vor einem Gewitter kann das elektrische Gleichfeld bis auf einige tausend V/m ansteigen. Erreicht die Feldstärke eine gewisse Schwelle, kommt es an exponierten Stellen zu leuchtenden Entladungen, sogenannten Influenzerscheinungen. Seeleute beispielsweise bezeichnen das Leuchten an den Mastspitzen ihrer Schiffe als Sankt Elmsfeuer.

Das natürliche elektrische Gleichfeld dringt in ein Gebäude nicht ein, da die in der Aussenhülle des Gebäudes verwendeten Materialien meist ausreichend elektrisch leitfähig sind, so daß sie dieses Feld ableiten und dadurch abschirmen können.

Künstliche Gleichfelder

Künstliche elektrostatische Felder bestehen zwischen allen Körpern oder Polen, die mit einer Gleichspannungsquelle verbunden sind. Sie sind hier von untergeordnetem Interesse, da heute nur noch in wenigen Fällen mit Gleichspannung gearbeitet wird; üblich ist Gleichspannung z.B. noch bei öffentlichen Verkehrsmitteln (Straßenbahnen und U-Bahn-Bahnen, Fahrdrahtspannung meist 600 V). Auch die Eisenbahnen in Frankreich, Belgien, den Niederlanden, Italien, Tschechoslowakei, Polen und der Sowjetunion werden mit Gleichspannung betrieben (Fahrdrahtspannung 1.500 bis 6.000 V). Trotzdem treten im Innern dieser Fahrzeuge keine nennenswerten Feldstärken auf, da die leitende Außenhülle (Metall) das Feld abschirmt.

Die im Haus auftretenden elektrischen Gleichfelder werden vor allem durch synthetische Materialien erzeugt. Wenn wir z.B. auf einem synthetischen Teppichboden gehen und dann den Türgriff mit der Hand be-

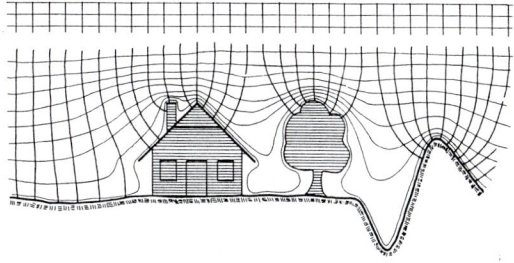

2.9
Verzerrung des elektrischen Feldes an der Erdoberfläche.
Quelle [1]

Tabelle 2.1:
Elektrostatische Aufladungen an Baustoffen (Beispiele von Messungen).
Quelle [10]

Beispiele für gemessene elektrostatische Aufladungen an Baustoffen	
Baustoffe	**Elektrische Feldstärke [V/m]**
Eiche unbehandelt	0
Parkett (Eiche) - roh	− 200
- gewachst mit Bienenwachs	− 200
- mit DD-Lack Versiegelung	− 20.000
- mit DD-Lack nach 6 Jahren	− 1.500
Spanplatte - unbehandelt	− 250
beschichtet mit Melamin	+ 4.000
PVC	− 34.000
PVC mit Antistatika	− 1400
Polyäthylen	− 65.000
Resopal	+ 30
Acetat-Folie	− 1.100
Polystyrol	− 660
Teppich-Beläge (Kunstfaser)	− 20.000
Kunstfaser-Möbelbezüge	− 20.000
Vorhänge Kunstfaser	20.000

Gegenstand	Betrieb-spanung	elektrostatische Feldstärke am Boden
Straßenbahn / U-Bahn	bis 2.000 V	30 V/m
Eisenbahn (Gleichstrom in Italien)	6.000 V	800 V/m

Tabelle 2.2
Gleichspannung und Feldstärke bei Straßenbahn und Eisenbahn.

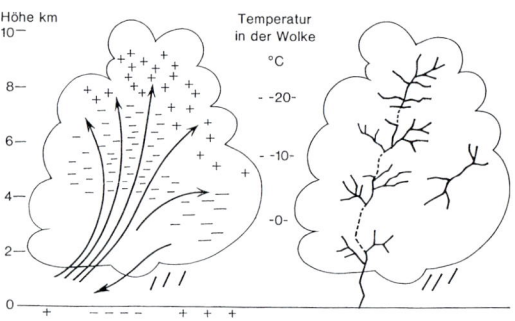

2.10
Aufbau und Entladung einer Gewitterwolke: links die Strömung und Verteilung der elektrischen Ladung, rechts der Verlauf der Entladungskanäle (nach Bartels).
Quelle [29]

Luftelektrizität, Funkenbildung und Gewitter

Luft ist ein elektrischer Isolator, d.h. die elektrische Leitfähigkeit der Luft ist sehr klein. Dadurch können zwischen 2 Körpern hohe Spannungen entstehen, ohne daß (zunächst) ein nennenswerter Strom fließt, der die Spannungs- und Ladungsunterschiede zum Ausgleich bringen würde. Die Stärke des elektrostatischen Feldes ist jedoch begrenzt durch die sogenannte Durchschlagsfestigkeit der Luft. Übersteigt die Feldstärke diesen Schwellenwert, entsteht eine elektrische (Funken)-Entladung: Durch die hohe Feldstärke werden zunächst einzelne Luftmoleküle ionisiert, bis die Luft in einem dünnen Funkenkanal elektrisch leitend geworden ist; dann kann für sehr kurze Zeit ein kräftiger (Funken)-Strom fließen, durch den das elektrische Feld schlagartig abgebaut wird.

Blitze beim Gewitter zeigen uns die großen Spannungsunterschiede und Feldstärken, die in der Natur auftreten können. Durch Luftreibung zwischen verschiedenen Schichten der Atmosphäre werden elektrische Ladungen getrennt und die Wolken elektrisch aufgeladen, wobei hohe Spannungen und Feldstärken zwischen den Wolken bzw. zwischen Wolken und Erde entstehen. Die Feldstärken können bei trockener Luft 3 Millionen Volt/m erreichen. Übersteigt die Feldstärke die Durchschlagsfestigkeit der Luft, wird diese elektrisch leitend und der Ladungsunterschied durch einen Blitz ausgeglichen. Dabei fließen für sehr kurze Zeit hohe Blitzströme von 10.000 bis 500.000 Ampere (A), welche die Luft im Blitzkanal auf Temperaturen bis zu 30000 Grad Celsius aufheizen. Die Schockwelle breitet sich als Donner mit Schallgeschwindigkeit aus.

Die elektrische Leitfähigkeit der Luft wird maßgeblich beeinflußt von der Sonnenaktivität, der Luftfeuchtigkeit und der Luftverschmutzung. Starke Sonnenaktivität verschlechtert die Leitfähigkeit der oberflächennahen Luft- Bodenschichten.

rühren, können wir dort kleine elektrische Schläge oder sogar Funken wahrnehmen. Ähnliches passiert, wenn man aus dem Auto steigt und sich an der Wagentüre elektrisiert. Die elektrostatische Aufladung des Körpers wird in diesem Moment über den geerdeten Türgriff entladen, wodurch das unseren Körper umgebende elektrische Gleichfeld abgebaut wird. Der Effekt ist bei trockenem Winterwetter besonders stark, weil trockene Luft elektrisch wenig leitfähig ist. Dadurch kann sich im Freien ebenso wie im Hausinneren ein starkes elektrisches Feld aufbauen, dessen Feldstärke um ein Vielfaches höher ist als das natürliche Gleichfeld in der freien Natur.

Zur Beurteilung möglicher Auswirkungen auf Lebewesen ist es wichtig, nicht nur die Stärke des elektrischen Gleichfeldes anzugeben, sondern auch den Zeitraum, in dem dieses abklingt. Denn wenn das Feld von selbst und relativ rasch abklingt, so wie es bei feuchter Luft der Fall ist, besteht nur ein geringes Risikopotential. Anders ist es bei trockener Luft, wenn die elektrostatischen Aufladungen Stunden und auch Tage anhalten. Dann können erhebliche Beeinträchtigungen auftreten, nicht nur durch elektrische Entladungen, sondern vor allem durch den Einfluß des elektrischen Gleichfeldes auf die Luftqualität. Denn das Gleichfeld bestimmt die Ionisation in der Luft, die Anzahl der Kleinionen usw.

Luftionen

Die elektrisch geladenen Teilchen (Ionen) in der Luft haben beträchtliche Auswirkungen auf die Luftqualität, auf unser Wohlbefinden und auf die körperliche Leistungsfähigkeit. Der Wirkungsmechanismus ist komplex: Zunächst einmal werden durch die Einwirkung ionisierender Strahlung (UV-Licht, elektromagnetische Strahlung mit höherer Frequenz oder Strahlung aus radioaktiven Zerfallsprozessen in der Erde) laufend negativ geladene freie Elektronen und positiv geladene Moleküle erzeugt. Elektronen und Ionen lagern sich an die Gas- und Wassermoleküle der Luft (Sauerstoff und Stickstoff) an, wodurch zunächst sogenannte Kleinionen entstehen. Diese Kleinionen wirken wie eine Art Staubsauger in der Luft: an sie dokken nämlich schnell weitere, auch größere Moleküle an und verbinden sich zu Großionen und Aerosolen, die zu Boden sinken. Je stärker die Luftverschmutzung ist, desto schneller verbinden sich der Kleinionen und umso geringer ist folglich ihre Anzahl. Im Freien liegt die Konzentration der Kleinionen bei 400 bis 1500 Ionen pro cm^3 Luft, wobei die positiven und negativen Ionen zahlenmäßig im Gleichgewicht sind. In Innenräumen ohne starke elektrostatische Felder beträgt der Anteil 600 bis 2000 Ionen pro cm^3 Luft. Luftverunreinigung im Innenraum, z.B. durch Rauchen, läßt die Kleinionenzahl schnell um den Faktor 10 oder 100 absinken (auf 20 bis 200 Kleinionen pro cm^3 Luft). Dieselbe Wirkung haben starke elektrostatische Felder, da sie geladene Ionen anziehen. Der Auf- und Abbau der Kleinionen vollzieht sich in wenigen Minuten; ihre Anzahl im Verhältnis zur Zahl der Moleküle in der Luft ist sehr gering.

Eine niedrige Kleinionenzahl ist bereits ein Kennzeichen für verschmutze Luft oder hohe elektrostatische Felder. Sowohl extrem hohe als auch sehr niedrige Luftionenkonzentrationen führen zu erheblichen gesundheitlichen Beeinträchtigungen und sind Ursache für verschiedene Erkrankungen.

Wirkung des elektrischen Gleichfeldes

Werden Körper aus leitfähigen Materialien in ein elektrisches Feld gebracht, bewirkt das elektrische Feld eine Verschiebung bzw. eine Bewegung der elektrischen Ladung in diesem Körper. Dieser Vorgang „Influenz" genannt, führt zu einer elektrischen Polarisierung im Körper, wobei kurzzeitig ein kleiner elektrischer Strom fließt. Im elektrischen Gleichfeld fließt dieser „Verschiebungsstrom" nur für den kurzen Moment der Ladungsänderung, wobei die Stärke des influenzierten Stroms von der Feldstärke sowie von Form und Größe des Materials abhängig ist.

Auch der menschliche Körper besteht aus Zellen, die sich elektrisch aufladen können. Allerdings ist die elektrische Leitfähigkeit des Gewebes ausreichend hoch, so daß elektrische Gleichfelder nicht in das Körperinnere eindringen können. Trotzdem kann sich der Körper an der Oberfläche aufladen, z.B. durch das Kämmen der Haare mit einem Kunststoffkamm, durch das Überstreifen eines Synthetik- oder Wollpullovers, durch das Gehen über Kunststoffteppiche, durch das Sitzen im fahrenden Auto oder durch den Aufenthalt in starken elektrostatischen Feldern.

Diese Aufladungen werden normalerweise langsam abgebaut und bleiben dadurch unbemerkt. Erfolgt die Entladung jedoch schnell (z.B. durch Griff an eine Türklinke mit leitender Verbindung zur Erde), fließt für kurze Zeit ein relativ hoher Strom. Je nach Energieinhalt kann eine solche Entladung recht unangenehm sein. Entladungsenergien von 2 bis 25 Mikrojoule (2 bis 25 · 10^{-6} Joule) sind als Zucken spürbar, eine Art Schock tritt bei 100 bis 250 Mikrojoule auf, gesundheitlich gefährdend sind Schläge ab 1000 Mikrojoule.

Vermeidung und Abschirmung von elektrischen Gleichfeldern

Das Innere eines Gebäudes läßt sich gegen ein äußeres elektrisches Gleichfeld leicht abschirmen, im Unterschied zu magnetischen Feldern. Massivbaustoffe (Ziegel, Putz etc.) halten aufgrund ihrer elektrischen Leitfähigkeit elektrische Gleichfelder so weit aus dem Inneren fern, daß ein äußeres Gleichfeld im Haus in der Regel nicht mehr nachweisbar ist. Eine Ausnahme bilden unter Umständen Häuser in leichter Holzbauweise. Wenn die Holzfeuchte im Winter stark zurückgeht, können elektrostatische Felder das Holz teilweise durchdringen. Der Werkstoff Glas wirkt nicht abschirmend, so daß elektrische Gleichfelder von außen, wenn überhaupt, am ehesten in der Nähe der Fenster nachweisbar sind.

Elektrostatische Felder können in Innenräumen nur dort entstehen, wo Einrichtungsgegenstände mit schlecht leitfähigen Oberflächen vorhanden sind. Deshalb sind gut isolierende Materialien, insbesondere Kunststoffe, in der Wohnumgebung und am Arbeitsplatz möglichst zu vermeiden, sofern sie nicht durch besondere Beschichtungen oder Zusätze leitfähig gemacht worden sind, wie z.B. Gardinen, synthetische Polsterbezüge, Teppiche und Teppichböden, Plastiktapeten, Bodenbeläge aus Kunststoffen wie Polyvinylchlorid (PVC) und Polyäthylen (PE), sowie kunstharzbeschichtete Möbel, Versiegelungen und Wandbekleidungen. Fernsehgeräte, Computerbildschirme und Kopierer können ebenfalls starke elektrostatische Felder aufbauen.

Maßnahmen gegen elektrische Felder sind die Abschirmung und die Ableitung. Gute abschirmende Wirkung haben Metallfolien oder -gitter ebenso wie andere elektrisch leitende Materialien (Faraday'scher Käfig); es gibt inzwischen übrigens auch elektrisch leitende Kunststoffe. Natürliche Isolatoren wie z.B. Glas und Keramik sind als Abschirmmaterial für das elektrische Feld ungeeignet. Die Wirksamkeit der Abschirmung wird gesteigert durch Ableitung der influenzierten Ladung zur Erde.

Um zu verhindern, daß sich Metallflächen auf hohe Spannungen aufladen können, müssen größere Metallflächen am und im Haus geerdet werden.

Um eine gute Raumluftqualität mit hoher Kleinionenzahl und ausgeglichener Polarität sicherzustellen und natürlich um verbrauchte Luft zu erneuern, hilft ein regelmäßiger, kurzer Luftaustausch (Stoßlüftung). Im Winter ist dafür zu sorgen, daß die Luftfeuchte in den Wohnräumen nicht unter 50% relative Feuchte sinkt; das beugt einer Austrocknung der Schleimhäute in den Atemwegen vor und verhindert starke elektrische Aufladung von Gegenständen und Menschen im Innenraum.

Zusammenfassung

Voraussetzung für ein elektrisches Gleichfeld sind zwei oder mehrere Körper mit unterschiedlicher elektrischer Ladung.

- Künstlich wird ein elektrisches Gleichfeld erzeugt, indem 2 elektrisch leitende Körper mit einer Gleichspannungsquelle verbunden werden oder indem elektrisch isolierende Gegenstände gerieben werden (Reibungselektrizität).
- Elektrische Felder können bestehen, ohne daß ein elektrischer Strom fließt.
- Die Kraft, die von solchen ruhenden elektrischen Ladungen ausgeht, wird als elektrostatische Kraft bezeichnet.
- Die Stärke des elektrischen Feldes hängt von der Spannung und dem Abstand der Pole ab. Die Einheit des elektrischen Feldes ist Volt/Meter (V/m).
- Aufgrund ihrer Größe ist die Erde für elektrische Ladungen und Felder der Bezugspunkt schlechthin. Werden elektrisch geladene Körper an einen leitenden Stab angeschlossen, der in der Erde steckt, bewirkt dies eine Ableitung der Ladungsträger zur Erde und führt zum Spannungsausgleich (beim Haus Potentialausgleich durch Fundamenterder).
- Alle nicht geerdeten Materialien innerhalb eines elektrischen Feldes können selbst Ladung tragen.

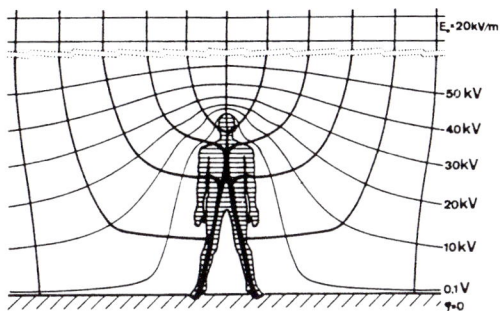

2.11
Feldverzerrung durch eine frei stehende Person.
Quelle [1]

Tabelle 2.3
Elektrostatische Felder im Alltag und die dabei typischerweise auftretenden Feldstärken.

Typische elektrische Feldstärken im Alltag	
Phänomen	Feldstärke V/m
Straßenbahn über Schienen	+ 30
Wohnraum mit Naturmaterialien	+ 50
Schönwetterfeld der Erde	+ 80 bis 250
Mensch mit Ledersohlen	+ 100
Eisenbahn über den Schienen (Italien)	+ 800
Pullover, Baumwolle beim Ausziehen	+ 200
Fernsehgerät, 30 cm Abstand	+ 300 - 700
Mensch mit Plastiksohle	- 5000
Autoinnenraum im Sommer	- 6000
Möbeltisch mit Oberfläche DD-Lack	- 1000
Gewitter mit Blitz	± 20.000
synthetischer Teppichboden	-20.000 – 100.000
Pullover, Synthetik nach dem Ausziehen	-80.000

2.3 Das elektrische Wechselfeld

Elektrische Wechselfelder entstehen entweder durch mechanisch bewegte elektrisch geladene Körper oder (hauptsächlich) durch Verbinden elektrisch leitender Körper mit einer Wechselspannungsquelle (die den periodischen Zufluß und Abfluß der Ladungen bewirkt). So werden die Adern in den Elektroleitungen der Hausstromversorgung durch die Wechselspannung aus dem öffentlichen Netz mit einer Frequenz von 50 Hz abwechselnd positiv und negativ geladen. An den beiden Polen der Steckdose steht dadurch eine Wechselspannung von 230 Volt mit einer Frequenz von 50 Hertz (= 50 Wechsel oder Schwingungen pro Sekunde) zur Verfügung. Grafisch wird der zeitliche Verlauf der Spannung zwischen den beiden Polen bzw. Leitungen als Sinuskurve dargestellt.

Die elektrische Feldstärke ergibt sich wie beim elektrischen Gleichfeld aus der Spannung und dem Abstand der ladungsführenden Körper; gemessen wird sie ebenfalls in Volt pro Meter (V/m). Da bei jeder Periode die Spannung und die Feldstärke zwischen Null und dem Maximalwert schwanken und obendrein auch die Polarität des elektrischen Feldes wechselt, wird als Feldstärke ein effektiver Mittelwert angegeben.

Die Frequenz des Wechselfeldes ist durch die Frequenz des feldverursachenden Wechselstroms bestimmt. Der Haushaltsstrom in Deutschland hat eine Frequenz von 50 Hz, in den USA von 60 Hz. Das Bordnetz in Flugzeugen liefert Wechselspannung mit einer Frequenz von 400 Hz, während für den Bildaufbau in Fernsehern Wechselspannungen mit rund 15.000 Hz (Zeilenfrequenz) erzeugt werden; in Computer-Bildschirmen wird mit noch höherfrequenten Wechselspannungen gearbeitet, so daß diese auch von Wechselfeldern entsprechend hoher Frequenz umgeben sind .

Da die Feldstärke mit zunehmendem Abstand von der Strahlungsquelle stark abnimmt, ist es bei Angaben zur elektrischen Feldstärke stets wichtig zu wissen, in welchem Abstand von der Strahlungsquelle gemessen wurde.

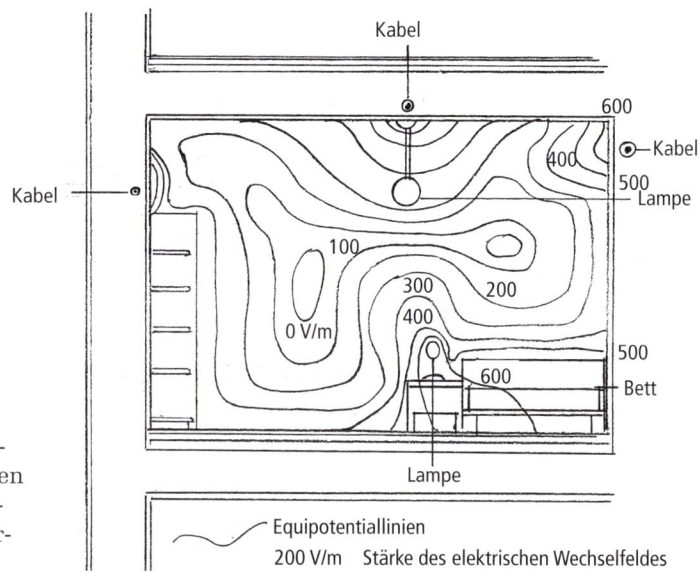

2.12
Elektrisches Wechselfeld in einem Raum: Die eingezeichneten Äquipotentiallinien (Orte gleicher Feldstärke) zeigen die Verteilung im Raum.

Natürliche und künstliche elektrische Wechselfelder

Ein wesentlicher Unterschied zwischen natürlichen und künstlich erzeugten Wechselfeldern ist die Art der Frequenzmischung. Technische Felder werden vorwiegend mit einer bestimmten Frequenz erzeugt und enthalten allenfalls noch sogenannte Oberwellen (d.h. Schwingungen, deren Frequenz ein ganzzahliges Vielfaches der Grundschwingung ist). Natürliche Felder bestehen in der Regel aus einem Gemisch, das Frequenzen aus einem mehr oder weniger breiten Spektrum enthält.

In der Natur entstehen elektrische Wechselfelder vor allem durch Blitze, das heißt durch den Abbau der elektrostatischen Felder in der Atmosphäre. Weltweit betrachtet treten bis zu 2000 Blitze pro Minute auf. Die mit jedem Blitz einhergehenden impulsartigen Felder (sogenannte „Sferics") vereinigen sich zu einem weltumspannenden elektrischen Wechselfeld mit einer Grundfrequenz von 7,5 bis 10 Hz und Feldstärken von 3 mV/Meter (Schuhmann-Wellen).

Überall wo Wechselstrom übertragen wird und entsprechende Kabel verlegt sind, treten elektrische Wechselfelder auf, d.h. im Freien unter den Hochspannungleitungstrassen oder nahe den Oberleitungen der Eisenbahn. Im Haus ist in der Nähe der Elektroleitungen und der angeschlossenen Geräte ebenfalls ein elektrisches Wechselfeld meßbar, unabhängig davon, ob Strom fließt oder nicht. Relativ hohe Feldstärken werden in der Umgebung von Hochspannungsleitungen gemessen, da hier mit Spannungen von 110.000 Volt (110 kV), 220.000 Volt (220 kV) und 380.000 Volt (380 kV) gearbeitet wird. Um die Leitungsverluste bei der Energieübertragung zu vermindern, wird in der UdSSR, in den USA, in Japan, Kanada und Brasilien an Leitungssystemen mit Spannungen von 1 bis 1,6 Millionen Volt (1 bis 1,6 MV) gearbeitet.

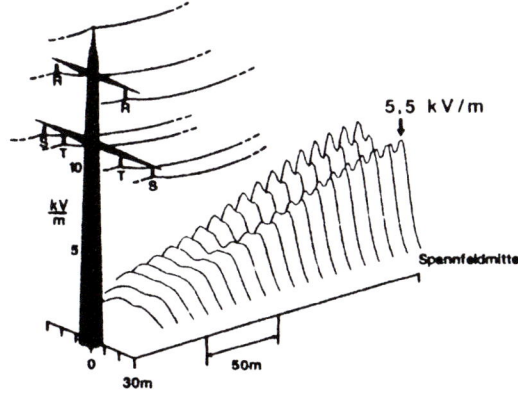

2.13
Feldstärke des elektrischen Wechselfeldes unter und in der Umgebung einer 380 kV-Leitung.
Quelle [20]

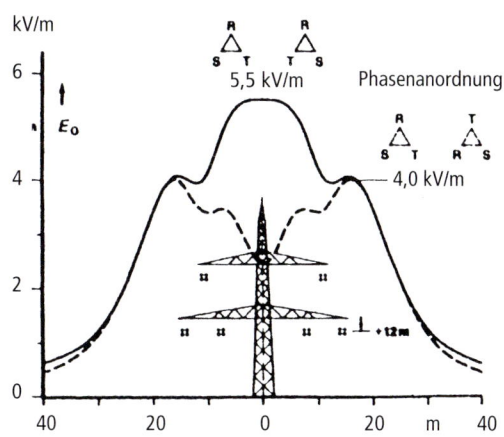

Die Feldstärke am Boden ist an der tiefsten Durchhangsstelle der Leitung am höchsten; sie wird mit zunehmender Entfernung zur spannungsführenden Leitung geringer. Die Meßwerte fallen je nach Höhe und Bauart der Leitungsmasten sehr unterschiedlich aus.

Die Stromversorgung der elektrifizierten Bahnlinien arbeitet (in Deutschland, Österreich, Schweiz und Norwegen) mit 15.000 Volt (15 kV) Wechselspannung bei 16 $\frac{2}{3}$ Hz, wodurch eine Feldstärke von 800 V/m in 1,5 m Höhe über dem Schienenstrang entsteht. In Italien wird die Bahn mit 6.000 V (6 kV) Gleichspannung betrieben, so daß hier keine Wechselfelder auftreten.

Elektrische Wechselfelder im Hause werden ausschließlich durch die Elektroinstallation und durch elektrische Geräte erzeugt (230 V Netzspannung, bei Drehstromleitungen 400 V, Frequenz 50 Hz). Die Feldstärke in der Umgebung von Elektrogeräten und Leitungen hängt von der Entfernung zum Körper und von der Anordnung der spannungsführenden Teile ab. So wird in 50 cm Entfernung von einer 75-W-Glühbirne eine Feldstärke von 4 V/m gemessen, in der Nähe einer Leuchtstoffröhre 100 V/m und unmittelbar an einer Heizdecke (Körpernähe, Abstand 1 cm) eine Feldstärke bis zu 7000 V/m. Kleinmaschinen mit Kollektormotor (z.B. Föhn, Bohrmaschine, Haushaltsmixgerät) erzeugen Feldstärken zwischen 10 bis 20 V/m, diese aber in einem Frequenzbereich von 10 bis 20 kHz.

Auswirkungen des elektrischen Wechselfeldes

Hält sich der Mensch innerhalb eines elektrischen Wechselfeldes auf, so wird die Körperoberfläche im Rhythmus des Wechselfeldes geladen. Durch den ständigen Ladungszu- und -abfluß fließt durch den Körper ein sehr geringer, aber meßbarer Wechselstrom, obwohl keinerlei Kontakt zu einem spannungsführenden Teil besteht. Dies ist die Wirkung der bereits beim elektrischen Gleichfeld beschriebenen Influenz (Ladungsverschiebung). Der im Körper entstehende Strom hat dieselbe Frequenz wie die verursachende Wechselspannung, also 50 Hz beim Haushaltsstrom bzw. 16 $\frac{2}{3}$ Hz beim Bahnstrom in Deutschland. Der resultierende Strom ist um so größer, je höher die Frequenz des Wechselfeldes ist. Die Stromstärke ist verglichen mit den im Haushalt üblichen Strömen (max. 10 bis 20 Ampère) sehr gering. Bei guter Ableitung zur Erde über die Schuhe fließen pro Kilovolt/m Feldstärke etwa 15 µA (Mikroampère).

Unter einer Hochspannungsleitung liegt der Ableitungsstrom zur Erde bei etwa 100 Mikroampère. Diese Stromstärke kann ausreichen, um eine Leuchtstoffröhre zum Glimmen zu bringen. Die Ableitungsströme, die beim Gebrauch von elektrischen Maschinen im Haus entstehen, sind im Vergleich dazu sehr schwach und kaum spürbar.

Reize und Informationen werden im Körper durch elektrische Ströme transportiert und ausgetauscht, und zwar bei sehr kleinen Spannungen im µV- bis mV-Bereich. Beim EKG (Elektro-Kardiogramm) werden die

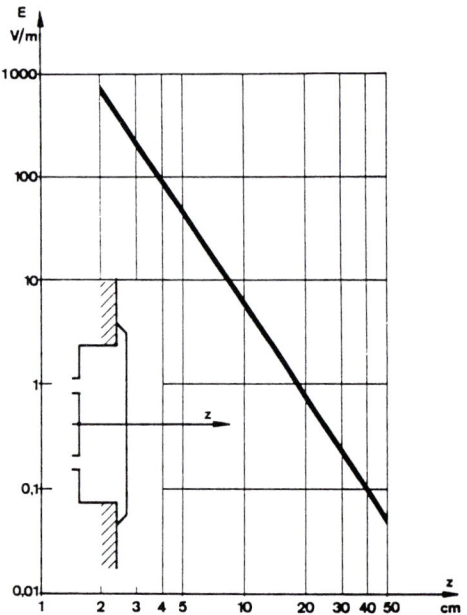

2.14
Die elektrische Feldstärke in der Umgebung einer Steckdose (230 V) ist sehr von der Entfernung abhängig: Gegenüber der Feldstärke in 10 cm Abstand (ca. 8 V/m)) sinkt die Feldstärke im Abstand von 50 cm auf ein Hundertstel (0,08 V/m).
Quelle [1]

Wirkung elektrischer Wechselströme bei Durchströmung des Körpers		
Stromstärke	Einwirkungsdauer	Physiologische Auswirkung auf den Menschen
0 – 1 mA$_{eff}$	beliebig lang	Bereich bis zur Wahrnehmbarkeitsschwelle, Elektrisierung nicht spürbar
1 - 15 mA$_{eff}$	beliebig lang	Bereich bis zur Krampfschwelle, selbstständiges Lösen der Hände vom umfaßten Gegenstand dann nicht mehr möglich. darunter kräftige, zum Teil schmerzhafte Wirkungen auf die Muskeln in Fingern und Armen
15 – 30 mA$_{eff}$	Minuten	Krampfartiges Zusammenziehen der Arme, Atmungsbeschwerden, Blutdrucksteigerungen, Grenze der Erträglichkeit
30 – 50 mA$_{eff}$	Sekunden bis Minuten	Herzunregelmäßigkeiten, Blutdrucksteigerung, starke Krampfwirkungen, Bewußtlosigkeit, bei langer Einwirkungsdauer an der oberen Bereichsgrenze: Herzkammerflimmern.
50 mA$_{eff}$ bis einige hundert mA$_{eff}$	unter einer Herzperiode	Kein Herzkammerflimmern, starke Schockwirkung
	mehr als eine Herzperiode	Beginn der Elektrisierung relativ zur Herzphase nicht wesentlich. Bewußtlosigkeit, Strommarken
einige hundert mA$_{eff}$ und mehr	unter einer Herzperiode	Herzkammerflimmern, Beginn der Elektrisierung relativ zur Herzphase wesentlich, Auslösung des Flimmerns nur in der vulnerablen Periode, Bewußtlosigkeit, Strommarken
	mehr als eine Herzperiode	reversibler Herzstillstand, Bereich der elektrischen Defibrillation, Bewußtlosigkeit, Strommarken, Verbrennungen

Tabelle 2.4
Physiologische Wirkungen elektrischer 50 Hz-Wechselströme bei Durchströmung des Körpers oder von Körperteilen.   Quelle [1]

Muskelspannungen in der Herzgegend gemessen; sie liegen in der Größenordnung von einigen Millivolt, während die elektrischen Botschaften aus dem Gehirn beim EEG (Elektro-Enzephalogramm) im Mikrovolt-Bereich liegen. Das Funktionieren aller unserer Körperzellen ist von der Filterfunktion der Zellhaut, auch Zellmembran genannt, abhängig. Die Zustandsänderungen an der Zellmembran werden durch elektrische Ströme gesteuert, wobei Spannungsänderungen von 15 bis 20 mV gemessen werden. Dabei wurde festgestellt, daß die Nervenbahnen im Bereich der 50-Hz-Netzfrequenz besonders empfindlich reagieren. Daraus läßt sich schließen, daß von außen einwirkende elektrische Wechselspannungen, -felder und -ströme die feinstofflichen Vorgänge an den Zellmembranen empfindlich stören können und für den menschlichen Organismus belastend sind. Entsprechend können bei lang dauernder Einwirkung stärkerer Felder – insbesondere bei höherer Frequenz – gesundheitliche Schädigungen auftreten.

Um die Belastung durch elektrische Wechselfelder, die auf den Körper einwirkt, auf einfache Weise zu messen, eignet sich die Methode der „kapazitiven Ankoppelung". (vgl. Kap. 6.3: Messung des elektrischen Wechselfeldes). Dabei wird die Wechselspannung gemessen, auf welche die Körperkapazität im Wechselfeld aufgeladen wird. Die ermittelten Körperspannungen liegen an wenig gestörten Plätzen im Bereich von Millivolt (mV), bei starken Störungen im Bereich von Volt (V).

Typische Feldstärken von elektrischen Wechselfeldern		
Phänomen	Abstand	Feldstärke
natürliches elektrisches Wechsel-feld		0 V/m
abgeschirmtes Kabel	1 cm	0 V/m
Steckdose, 220 V	30 cm	0,5 V/m
Glühbirne 70 W	50 cm	4 V/m
Elektroherd	30 cm	4 V/m
Konventionelles NYM-Kabel 220 V Spannung, Unterputz	50 cm	10 V/m
Computer (Schwedennorm)	50 cm	15 - 25 V/m
Notebook, Akkubetrieb	30 cm	20 V/m
Leuchtstoffröhre	50 cm	50 V/m
Stegleitung (alt) Unterputz	50 cm	100 V/m
Hochspannungsleitung 380 kV	500 m	100 V/m
Elektrische Schreibmaschine	10 cm	180 V/m
Hochspannungsleitung 110 kV	100 m	200 V/m
Steckdose, 220 V	2 cm	700 V/m
Bahnlinie 15 kV am Boden	5 m	700 V/m
Computerbildschirm, keine Schwedennorm (Stecker falsch gesteckt, nicht geerdet)	30 cm	900 V/m
Haarflimmern bei empfindlicher Person (Wahrnehmung)	0 cm	1000 V/m
Lötkolben	1 cm	bis 3000 V/m
Heizkissen/Heizdecke	1 cm	4500 V/m
Umspannwerk	10 m	12500 V/m
Hochspannungsleitung 380 kV	10 m	30000 V/m
Elektromonteure (Arbeit in den Masten, USA, Osteuropa)	0,5 m	470.000 V/m

Tabelle 2.5
Typische Feldstärken des elektrischen Wechselfeldes in der Umgebung von Geräten und Anlagen.

Vermeidung und Abschirmung von elektrischen Wechselfeldern

Elektrische Wechselfelder lassen sich auf ähnliche Weise abschirmen wie elektrische Gleichfelder: Geerdete und elektrisch leitende Körper (Hügel, Bäume, Häuser) wirken in der näheren Umgebung für elektrische Wechselfelder abschirmend. In das Hausinnere dringt ein äußeres elektrisches Wechselfeld kaum ein. Folgende Abschirmungswerte können erreicht werden:

• Steinhäuser über 80%
• Stahlbeton 90%
• Blechgaragen bis 98%.

Anders als bei der statischen Aufladung von Körpern (Gleichfeld) kann beim elektrischen Wechselfeld keine Abbauzeit angegeben werden: Da Feldstärke und -richtung im Takt der Frequenz wechseln, bleibt das Feld nur solange bestehen wie die äußere Wechselspannung einwirkt.

Die elektrischen Wechselfelder in der Natur sind sehr schwach und die durch sie erzeugten Ströme extrem gering. Daher ist eine biologische Wirkung durch natürliche Wechselfelder ebenso wie durch den Aufenthalt in abschirmenden Gebäuden unwahrscheinlich.

Die viel stärkeren künstlichen elektrischen Wechselfelder durch Hochspannungsleitungen und die Eisenbahn werden ebenfalls durch Geländeformationen, Bäume und Bepflanzungen abgeschirmt. Die Feldstärke nimmt mit dem Abstand ab, wobei folgende Mindestabstände eingehalten werden sollten:

• 400 Meter bei 380 kV
• 250 Meter bei 220 kV
• 130 Meter bei 110 kV
• 15 bis 20 Meter bei 15 kV.

Nach einer Faustformel sollte beim Aufenthalt im Freien, z.B. an Spielplätzen, ein Abstand von 1 Meter pro kV Spannung eingehalten werden, beim Aufenthalt in Massivhäusern sind 0,5 m/kV als Abstand ausreichend.

Die künstlich erzeugten elektrischen Wechselfelder, wie sie im Hausinnern auftreten, sind um ein Vielfaches höher als die natürlichen elektrischen Wechselfelder, die in der Natur vorkommen.

Wo das Einhalten von Mindestabständen nicht möglich oder nicht ausreichend ist, kann das elektrische Wechselfeld auch durch Netzfreischalter, abgeschirmte Leitungen und Installationsdosen sowie durch Erdung der Lampen mit relativ geringem Aufwand reduziert werden.

Leitungen unter Putz werden durch das Mauerwerk bereits leidlich abgeschirmt, trotzdem werden in 50 cm Entfernung von der Wand noch Feldstärken von rund 10 V/m gemessen. Problematischer sind die Austrittsorte der Installation an den Steckdosen bzw. die dort angeschlossenen Verlängerungs- und Anschlußkabel.

Zusammenfassung

- Elektrische Wechselfelder treten auf, wenn zwischen zwei leitenden Körpern eine Wechselspannung anliegt.
- Die Frequenz des überall nachweisbaren Wechselfeldes beträgt 50 Hertz (Hz), bedingt durch die Frequenz des elektrischen Energieversorgungssystems in Deutschland.
- Damit ein elektrisches Wechselfeld entsteht, muß kein Strom fließen.
- Die Einheit des elektrischen Feldes ist Volt pro Meter (V/m).
- Die Feldstärke nimmt mit der Entfernung zum Entstehungsort rasch ab.

2.4 Das magnetische Gleichfeld

Jede Bewegung von elektrischer Ladung ist gleichbedeutend mit elektrischem Stromfluß; jeder elektrische Strom wiederum bedingt ein Magnetfeld in der Umgebung der fließenden Ladungen. Daneben erzeugen alle Dauermagneten ein magnetisches Gleichfeld, ohne daß hier ein elektrischer Strom fließt. Dauermagnetismus tritt nur bei Metallen auf, die einen hohen Anteil an Eisen, Kobalt oder Nickel haben. Das natürliche Mineral Magnetit beispielsweise hat einen Eisengehalt von 72%. Die magnetische Wirkung beruht auf einer gleichartigen Ausrichtung aller Magnetpole im Metall.

Alle magnetischen Felder, ob durch Stromfluß erzeugt oder von Dauermagneten stammend, weisen stets einen Nordpol und einen Südpol auf, sind also sogenannte Dipole. Schneidet man einen Dauermagneten in zwei Teile, so entstehen durch die Teilung immer wieder zwei neue vollständige Magnete mit Nord- und Südpol. Es gibt keine magnetischen Monopole, d.h. isoliert auftretende Nord- oder Südpole.

Geschichtliches

Der Magnetismus war bereits den Griechen bekannt. Heraklit und Empedokles haben über den Magnetstein, der Eisen anziehen kann, geschrieben. Entsprechend früh wurde der Magnetismus praktisch benutzt - im Kompaß. Die Kompaßnadel ist nichts weiter als ein kleiner drehbar gelagerter Magnet, der sich im Magnetfeld der Erde ausrichtet. Seine Spitze zeigt immer zum magnetischen

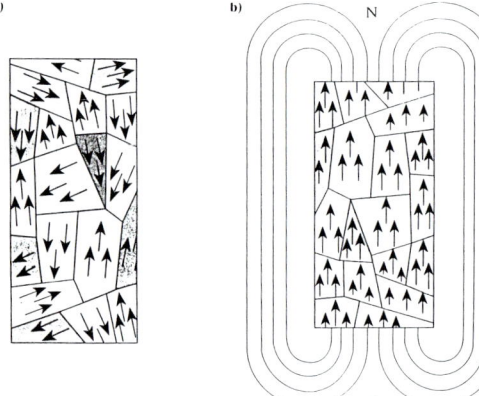

a)   b)

2.15
Ein anschauliches Bild zur Erklärung des Magnetismus: Während das nicht magnetisierte Metall (links im Bild) aus Bereichen mit ungeordneten „Elementarmagneten" (Domänen) aufgebaut ist, sind diese Bereiche beim magnetisierten Metall mehr oder weniger einheitlich ausgerichtet (rechts im Bild).
Quelle [21]

2.16
Eisenspäne auf der Glasplatte richten sich nach den Feldlinien aus.

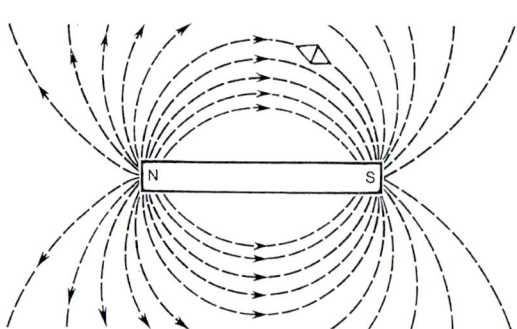

Südpol, der in der Nähe des Nordpols liegt. Im 16. Jahrhundert wurde das Magnetfeld der Erde erkannt und beschrieben. Als Ursache des Erdmagnetfeldes wurde lange Zeit ein magnetischer Gesteinskern im Erdinnern vermutet, was jedoch angesichts der hohen Temperaturen im Erdinnern (ca. 4000 bis 7000 Kelvin wie man heute weiß) unwahrscheinlich ist. Vielmehr werden heute zirkulierende elektrische Ströme als Ursache für das magnetostatische Feld der Erde angenommen. Dabei wird durch eine Art Ringstrom ein riesiger magnetischer Dipol erzeugt, dessen Achse um 11,4 Grad (Deklination) zur Erdachse geneigt ist.
Tatsächlich liegt der magnetische Südpol der Erde heute 1500 km vom geographischen Nordpol entfernt. Diese sogenannte Mißweisung müssen die Seeleute und alle, die den Kompaß zur Orientierung benutzen, bei der Positionsbestimmung berücksichtigen.
Erst nach Voltas Erfindung der Batterie im 19. Jahrhundert wurde der Zusammenhang zwischen elektrischem Stromfluß und magnetischem Feld entdeckt. Der dänische Naturforscher Hans Christian Oersted beobachtete 1820, daß sich eine Kompaßnadel verdreht, wenn ein elektrischer Strom durch einen Draht in der Nähe des Kompasses fließt. Dies war der erste Hinweis auf den Zusammenhang zwischen Elektrizität und Magnetismus.

Entstehung des magnetischen Gleichfeldes

Magnetische Felder treten immer dann auf, wenn elektrischer Strom fließt. Durch Gleichstrom wird ein magnetisches Gleichfeld erzeugt, durch Wechselstrom ein magnetisches Wechselfeld entsprechender Frequenz.
Das magnetische Feld ist wie das elektrische Feld ein Kraftfeld. Die Feldlinien können

durch einen einfachen Versuch sichtbar gemacht werden: Feine Eisenspäne werden lose auf eine Glasscheibe oder eine Pappe gestreut, durch die senkrecht zur Fläche ein stromdurchflossener Leiter geführt wird. Die Eisenspäne richten sich nach den magnetischen Feldlinien aus, wobei sich zeigt, daß die magnetischen Feldlinien geschlossene Kreise um den stromführenden Leiter bilden.

Die Intensität des magnetischen Feldes wird durch die magnetische Feldstärke H (Maßeinheit: A/m = Ampère pro m) beschrieben; sie steigt nicht nur proportional zum Strom durch den elektrischen Leiter, sondern bei allen spulenähnlichen Anordnungen auch proportional zur Zahl der parallelliegenden Leiter, wie sie z.B. in Motoren und Transformatoren zur Anwendung kommen.
Unter magnetischer Flußdichte wird die Anzahl der Feldlinien verstanden, die durch eine Flächeneinheit hindurchtreten. Die magnetische Flußdichte (Induktion) hat die Maßeiheit 1 Vs/m^2 (Voltsekunden pro Quadratmeter) = 1 Tesla (T), benannt nach dem Erfinder des Wechselstroms Nikolai Tesla. Tesla ist eine sehr große Einheit. Üblicherweise erreichen gewöhnliche Magnetfelder nur Stärken von Millitesla, Mikrotesla oder Nanotesla, also Tausendstel, Millionstel oder Milliardstel dieser Einheit.
Die Feldstärke von 1 A/m entspricht in der Luft einer Flußdichte von 1,26 Mikrotesla. Die Wirkung des magnetischen Feldes, der magnetische Fluß in einem Material, ist von der magnetischen Eigenart des den elektrischen Leiter umgebenden Materials abhängig, der sogenannten Permeabilität (= Durchlässigkeit). Bei gleicher Feldstärke ist die Feldwirkung um so größer, je größer die Permeabilität des Materials ist. Die Permeabilität des menschlichen Körpers ist der von Luft oder Wasser ähnlich. Aus diesem Grund gibt es keine Erhöhung der Feldstärke, wenn wir in ein magnetisches Feld eintreten, aber auch keine Schutzwirkung (wie beim elektrostatischen Feld aufgrund der elektrischen Leitfähigkeit). Die magnetischen Kräfte durchdringen unseren Körper ohne Widerstand. Materialien mit hoher magnetischer Leitfähigkeit (z.B. Stahl) können dagegen ein bestehendes Magnetfeld verzerren.

Natürliche und künstliche magnetostatische Felder

Die Stärke des Erdmagnetfeldes ist am Äquator am niedrigsten und an den Polen am höchsten. In Mitteleuropa liegt die Feldstärke an der Erdoberfläche bei 47 bis 50 µT (Mikrotesla); sie unterliegt geringfügigen zeitlichen Schwankungen (0,01 bis 0,05 Mikrotesla) im Tages- und Jahresverlauf. Das natürliche magnetische Gleichfeld kann durch ferromagnetische Metalle wie Eisen, Kobalt und Nickel in der näheren Umgebung verändert bzw. verzerrt werden. In Gebäuden ist der Bewehrungsstahl im Beton die häufigste Ursache für solche Feldverzerrungen. Veränderungen können ebenfalls im näheren Umfeld künstlicher magnetischer Gleichfelder entstehen, z.B. in der Nähe der Magneten eines Lautsprechers.
Magnetische Gleichfelder treten auch in der Umgebung von gleichstromdurchflossenen elektrischen Leitungen auf, und zwar immer dann, wenn Strom verbraucht wird. Dabei unterliegt das Magnetfeld den Schwankungen des Stromflusses.
In Privathaushalten, wo kaum mit stärkeren Gleichströmen gearbeitet wird, ist mit künstlichen magnetischen Gleichfeldern – die durch Stromfluß verursacht werden – kaum zu rechnen; Ausnahme: vom Netz unabhängige Haushalte mit Gleichstromversorgung z.B. aus Akkus und/oder Solarstrom. Stärkere magnetische Gleichfelder treten vor allem im öffentlichen und im gewerblichen Bereich auf. Straßenbahnen und U-Bahnen

in Deutschland arbeiten durchweg mit einer Gleichspannung von ca. 6000 V. Unter der Fahrt besteht in 2 m Höhe im Fahrgastraum eine Feldstärke von 80 Mikrotesla, fast das $1^{1}/_{2}$fache des Erdmagnetfeldes. Eine Magnetschwebebahn (Transrapid) erzeugt im Fahrgastraum eine Feldstärke von 100 bis 1000 Mikrotesla.

Noch höhere Feldstärken werden an manchen Arbeitsplätzen in der Industrie gemessen. Bei der Stahlerzeugung in Elektrostahlöfen wird das verhüttete Eisen oder der Eisenschrott durch einen Lichtbogen zwischen Graphitelektroden geschmolzen, wobei Gleichströme von 10.000 Ampere eingesetzt werden und magnetische Felder von rund 5000 Mikrotesla (= 5 Millitesla) auftreten. Zur Gewinnung von Aluminium aus Bauxit durch Elektrolyse wird mit Gleichströmen bis zu 150.000 Ampere gearbeitet, wodurch magnetische Felder bis zu 10.000 Mikrotesla entstehen. Ähnliches gilt für Stahlwalzwerke.

Mit sehr starken magnetischen Feldern wird auch in einigen Bereichen der Medizintechnik gearbeitet. In sogenannten Kernspintomographen, die dreidimensionale, geschichtete Bilder des Körperinneren und der Organe liefern, sind die Patienten (für relativ kurze Zeit) sehr hohen Feldstärken von rund 500.000 µT (Mikrotesla) = 500 mT (Millitesla) ausgesetzt; dabei wird die Einwirkung des magnetischen Feldes auf das menschliche Gewebe genutzt, um organspezifische Signale für den Bildaufbau zu gewinnen.

Auswirkungen des magnetischen Gleichfeldes

- Das Erdmagnetfeld dient den Zugvögeln zur Orientierung.
- Das natürliche Magnetfeld der Erde wird durch jeden von Gleichstrom durchflossenen elektrische Leiter oder jedes Stück Eisen verändert. Dies kann mittels eines Kompasses einfach nachgeprüft werden.
- Eisenteile, die durch die Verarbeitung (Lichtbogenschweißen) oder durch Berührung mit einem Magneten erst einmal magnetisch geworden sind, können über Monate oder Jahre hinweg magnetisch bleiben.
- Bei Untersuchungen am Menschen haben sehr starke Magnetfelder (350.000 Mikrotesla) eine meßbare Auswirkung für die Herzfunktion gezeigt. Die Beeinflussung von Nervenleitungen und von komplexen Molekülen durch magnetische Gleichfelder konnte erst bei Feldstärken beobachtet werden, die im Bereich über 1 Million Mikrotesla = 1 Tesla lagen.
- Andererseits sind im menschlichen Gehirn magnetische Kristalle mit einer Größe von 0,1 bis 0,2 Mikrometer gefunden worden. Ebenfalls zweifelsfrei nachgewiesen wurde, daß die menschlichen Organe selbst sehr schwache, aber eindeutig meßbare magnetische Signale abgeben,

Typische Feldstärken von magnetischen Gleichfeldern	
Verursacher	Feldstärke
Erdmagnetfeld nach geograph. Breite	30 bis 60 µT
Erdmagnetfeld in Mitteleuropa	47 bis 50 µT
Magnetisierte Federkernmatratze	50 µT
Fahrgastraum Straßenbahn	80 µT
Telefonhörer	350 µT
Magnetschwebebahn	1000 bis 10000 µT
Aluminiumschmelzofen	10000 µT
Elektroschweißöfen	50 µT
Teilchenbeschleuniger	600000 µT
Kernspintomograph Personal	10000 µT
Kernspintomograph Patient kurzfristig	2 bis 4 Millionen µT

Tabelle 2.6
Typische Feldstärken des magnetischen Gleichfeldes in der Umgebung von Geräten und Anlagen.

das Auge ca. 0,1 Pikotesla, das Hirn 1 Pikotesla, das Herz 50 Pikotesla. Daher ist nicht auszuschließen, daß starke magnetische Gleichfelder die Funktionsweise der Organe stören können.

Vermeidung von magnetischen Gleichfeldern in Innenräumen

Das magnetische Gleichfeld ist praktisch nicht abzuschirmen; daher stellen wir im Hausinnern dieselbe magnetische Feldstärke fest wie im Freien. Der Mensch ist an das natürliche Magnetfeld angepaßt, so daß keine gesundheitliche Gefahr besteht, solange es nicht verzerrt wird. Das heißt, das natürliche magnetische Gleichfeld sollte auch in Gebäuden möglichst ungestört sein. Bei Messungen interessieren in erster Linie lokale Abweichungen des äußeren magnetischen Gleichfeldes und weniger dessen absolute Intensität. Eine Abschirmung des äusseren Gleichfeldes wäre nur durch sehr dicke Betonmauern oder durch spezielle Metallegierungen, sogenanntes Mu-Metall, möglich.

Zur Abwendung bzw. Minderung künstlicher magnetischer Gleichfelder sind nur zwei Alternativen möglich:
- Entfernung des Verursachers
- Abstand halten z.B. von Lautsprechern oder Stahlträgern.

Zusammenfassung

- Die Erde ist von einem natürlichen magnetischen Gleichfeld umgeben, das an jedem Ort auf der Erde wirksam ist.
- Gemessen werden magnetische Felder, genauer gesagt die magnetische Flußdichte, in Tesla (T).
- Die magnetischen Felder durchdringen fast alle Materialien und können nur mit sehr großem Aufwand abgeschirmt werden.
- Künstlich magnetische Felder entstehen durch fließenden Gleichstrom oder Dauermagneten.

2.5 Das magnetisches Wechselfeld

Magnetische Wechselfelder treten in der Umgebung von Leitungen und Kabeln auf, die von elektrischem Wechselstrom durchflossen werden. Dabei hat die Frequenz des Wechselstroms auf die Intensität und Wirkung des magnetischen Wechselfeldes entscheidenden Einfluß: sie wird umso stärker, je höher die Frequenz ist. Deshalb ist bei der Bewertung magnetischer Wechselfelder neben der Feldstärke immer auch die Frequenz von Bedeutung.

Die Feldstärke des magnetischen Wechselfeldes wird wie beim Gleichfeld in Ampère pro Meter (A/m) angegeben. In der Praxis wird jedoch häufiger mit der magnetischen Flußdichte und der Einheit Tesla gerechnet, wobei entsprechend den üblicherweise vorkommenden Feldstärken die kleineren Einheiten Mikro-Tesla ($1\ \mu T = 10^{-6}\ T$) und Nano-Tesla ($1\ nT = 10^{-9}\ T$) gebräuchlich sind. Ein magnetisches Feld mit der Felstärke 1 A/m erzeugt im Medium Luft eine magnetische Flußdichte von 1,26 μT.
Magnetische Wechselfelder haben ganz ähnliche Eigenschaften wie magnetische Gleichfelder; sie durchdringen fast alle Materialien mit Ausnahme von speziellen Metalllegierungen oder sehr dicken Stahlbetonbauteilen.

2.17
Immer wieder findet man Situationen wie im Bild, wo Wohngebäude in der Trasse der Hochspannungsleitungen liegen.

Geschichte

Nach den Entdeckungen des Dänen Oersted versuchte man die Wirkung des durch Stromfluß künstlich erzeugten Magnetfeldes auch auf andere metallische Gegenstände zu übertragen, was jedoch mißlang. Erst der Engländer Michael Faraday entdeckte 1831, daß die Übertragung von Energie ohne direkte Berührung von einem stromdurchflossenen Draht auf einen zweiten Draht möglich wird, wenn der Plus- und Minuspol des Stromes im ersten Draht vertauscht wird. Die durch das Umpolen verursachte Änderung des magnetischen Feldes induziert einen Strom in der daneben angeordneten zweiten Leiterschleife. Der Deutsche Werner von Siemens machte mit der Erfindung des Dynamos in der zweiten Hälfte des 19. Jahrhunderts die magnetischen Wechselfelder im großen Stil nutzbar. Alle stromerzeugenden Generatoren und stromverbrauchenden Elektromotoren funktionieren nach dem Induktionsprinzip.

Natürliche und künstliche magnetische Wechselfelder

Natürliche magnetische Wechselfelder entstehen durch bewegte elektrische Ladungen in der Ionosphäre, die durch Sonne und Mond beeinflußt werden. Ein weiterer Verursacher sind Blitzentladungen. Durch diese Phänomene entsteht ein relativ homogenes magnetisches Wechselfeld, das mit 0,003 Nanotesla (nT) eine sehr geringe Intensität hat.

Künstliche magnetische Wechselfelder entstehen im gesamten stromdurchflossenen Leitungsnetz im Innern der Gebäude ebenso wie im Außenbereich, wobei die Intensität des magnetischen Wechselfeldes (bei gegebener Versorgungsspannung) mit dem Stromverbrauch steigt.

Bedingt durch die Frequenz des technischen Wechselstroms (50 Hz) sind in Gebäuden

2.18
Verlauf der magnetischen Feldstärke unter einer 380 kV Leitung.
Quelle [20]

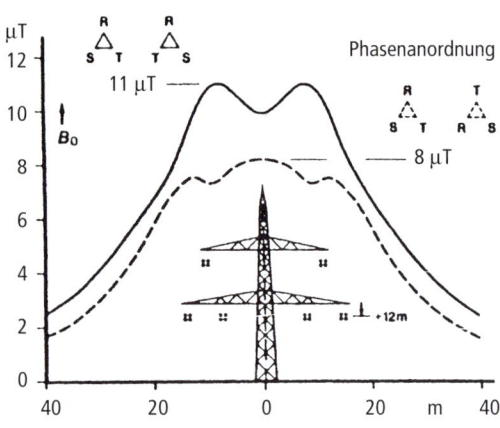

vor allem die 50-Hz-Wechselfelder von Bedeutung; in der Umgebung von Motoren und Transformatoren treten aber auch Felder mit Vielfachen dieser Frequenz (Oberwellen) auf. In der Nähe von Eisenbahnlinien werden darüber hinaus magnetische Felder mit 16 $\frac{2}{3}$ Hz und entsprechenden Oberwellen gemessen.

Magnetische Wechselfelder im Außenbereich

Um die Energieverluste bei der Übertragung über weite Entfernungen so gering wie möglich zu halten, wird die Spannung für die Übertragung in Fernleitungen auf eine hohe Spannung (z.B. 220.000 oder 380.000 V) transformiert. Bei einer Stromstärke von 1000 A lassen sich damit immerhin 220 bzw. 380 MW (Mega-Watt) je Leitungspaar übertragen. Diese Stromstärke in den Fernleitungen beträgt damit ungefähr das 100 bis 500-fache der im Haushalt üblichen Stromstärke (10 bis 20 Ampere). Die durch den Stromfluß verursachten magnetischen Wechselfelder um den Leiter sind wegen der großen Entfernungen der Leiter zum Boden (ca. 10 bis 30 m) relativ gering. Da in der Regel mehrere Leitungen parallel geführt werden und jeder Stromleiter ein eigenes Magnetfeld aufbaut, hängt das resultierende Magnetfeld von der Bauart der Hochspannungsmasten und natürlich vom zeitlich wechselnden Energiefluß (und damit Strom) durch die Fernleitung ab. Die Feldstärken liegen dort, wo das Kabel am tiefsten durchhängt, bei 10 bis 50 Mikrotesla pro Kiloampere (10 – 50 µT/kA).
Für die Verwendung in Gebäuden wird der Wechselstrom auf eine praktisch handhabbare Spannung von 230 V (einphasig) bzw. 380 V (dreiphasig) umgewandelt, und zwar mittels Transformatoren. Dabei wird die Hochspannung in der Primärspule zur Erzeugung eines starken magnetischen Wechselfeldes eingesetzt, das durch einen massiven Eisenring auf eine zweite elektrisch isolierte Spule übertragen wird und dort je nach Bauart der Spule eine entsprechend niedrigere Spannung induziert. Solche Transformatoren sind in unscheinbaren wohnzimmerschrankgroßen grünen Stahlkästen untergebracht und in fast jeder Wohnsiedlung zu finden. Auch wenn das magnetische Wechselfeld weitgehend im Eisenkern gebunden ist, treten in der Umgebung eines Großtransformators magnetische Streufelder in beachtlicher Höhe auf (20 Milli-Tesla). Sie nehmen mit der Entfernung zum Transformator jedoch schnell ab.
Beachtenswert sind auch die magnetischen Felder in der Umgebung von Bahnstromanlagen. In Deutschland und Österreich werden die Eisenbahnen mit Wechselspannung (15.000 Volt) und einer Frequenz von 16 $\frac{2}{3}$ Hertz betrieben. Durch den hohen Stromverbrauch bei Anfahrt und Beschleunigung des Zuges (bis zu 2 Kiloampère) treten Spitzenwerte des Magnetfeldes von 2 - 20 Mikrotesla auf (in 8 m Abstand). Die Streufelder im Fahrgastraum liegen zwischen 30 und 300 Mikrotesla (5 m Abstand).

2.19
Großer Transformator

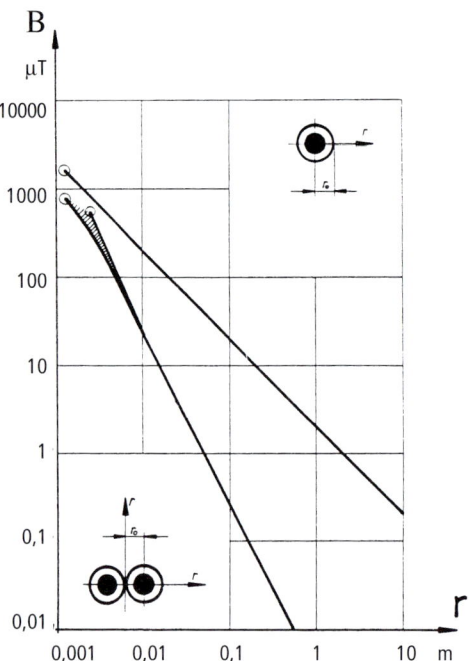

2.20
Magnetische Flußdichte als Funktion der Entfernung zum Kabel:
Obere Kurve: Eindraht-Leitung ohne Berücksichtigung der Rückleitung
Untere Kurve: Anschlußkabel mit Hin- und Rückleitung.
Liegen Hin- und Rückleitung parallel nebeneinander, kompensieren sich die entgegengerichteten Felder der beiden Leitungen teilweise und erzeugen ein deutlich schwächeres Magnetfeld.
Quelle [1]

2.21
Dreiadriges verdrilltes Kabel mit Schutzleiter:
Durch Verdrillen der stromführenden Hin- und Rückleitung ist das resultierende Magnetfeld gegenüber einer Einzelleitung deutlich abgeschwächt.

Sicherheitssysteme in Warenhäusern bedienen sich häufig magnetischer Felder. An derart gesicherten Türen können aufgrund des geringen Abstands von 0,5 m Flußdichten von 100 bis 1000 Mikrotesla auftreten, und zwar im Frequenzbereich zwischen 100 Hz und 10 kHz.

Magnetische Wechselfelder im Innenbereich

Grundsätzlich ist die Intensität des magnetischen Wechselfeldes um einen einzelnen Stromleiter (ein Kabel) bedeutend geringer als das magnetische Feld um Geräte, die einen Transformator oder einen Motor mit vielen Wicklungen (Spulen) enthalten. In der Wohnung treten deshalb stärkere magnetische Wechselfelder vor allem in der Nähe von Elektrogeräten auf, sobald diese benutzt werden. Da die Feldstärke mit der Entfernung schnell absinkt und die Abschirmung grundsätzlich schwierig ist, ist das „Abstandhalten" wo erforderlich das Mittel der Wahl. Beispielsweise sinkt die magnetische Flußdichte in der Umgebung eines stromführenden Anschlußkabels bei einer Abstandsvergrößerung von 3 cm auf 10 cm (Verdreifachung) von 1900 Mikrotesla auf 50 Mikrotesla (bei 50 Hz) ab (Abnahme mit der 3. Potenz des Abstands).

Auswirkungen des magnetischen Wechselfeldes

Das natürliche magnetische Wechselfeld der Erde scheint für uns Menschen ohne Bedeutung zu sein, jedenfalls können wir dieses Phänomen nicht sinnlich wahrnehmen. Die Schwellenwerte für unmittelbare Sinneseindrücke liegen vielmehr bei 5.000 bis 10.000 Mikrotesla (bei 20 bis 30 Hz). Verkrampfungen der Muskeln treten erst ab 100.000 Mikrotesla (= 0,1 T) auf.
Es wurden und werden jedoch auch Forschungen angestellt, bei denen nicht unmit-

telbar meßbare physische Wirkungen im Vordergrund stehen, sondern bei denen der Einfluß magnetischer Wechselfelder auf komplexere Körperfunktionen wie die Hormonproduktion untersucht wird. Dabei wurde z.B. festgestellt, daß die Produktion des Hormons Melatonin in der Nacht (Ruhe- und Erholungsphase) durch künstliche magnetische Felder erheblich vermindert werden kann. In einer anderen Untersuchung wurden unter Einwirkung magnetischer Felder mit einer Frequenz von 16 $^2/_3$ Hz (Bahnstrom) Veränderungen des Stoffwechsels an der menschlichen Zellmembran beobachtet.

Vermeidung von magnetischen Wechselfeldern in Innenräumen

Die Abschirmung magnetischer Wechselfelder ist sehr aufwendig und nur mit speziellen Metall-Legierungen (Mu-Metall) möglich. Sie kommt im Gebäudebereich aus Gewichts- und Kostengründen nicht infrage. Am sinnvollsten ist es daher, von starken magnetischen Feldern Abstand zu halten, insbesondere von Erdleitungen, Hochspannungsleitungen, Trafokabinen oder sonstigen Geräten, die ein starkes magnetisches Feld erzeugen. Gleichzeitig ist im Haus darauf zu achten, daß möglichst wenige Geräte eingebaut oder verwendet werden, die stärkere magnetische Wechselfelder erzeugen (Transformatoren, Motoren, konventionelle Vorschaltgeräte für Leuchtstoffröhren etc.). Bei der Standortwahl für solche Geräte gilt es außerdem zu bedenken, daß die magnetischen Felder an den Raumwänden nicht halt machen, sondern Wände unabgeschwächt durchdringen.
Abgesehen von den Geräten wird die Verteilung und Intensität des magnetischen Wechselfeldes im Haus maßgeblich von der Anordnung der stromführenden Leiter beeinflußt. Während einzelne stromführende Lei-

tungen von einem konzentrischen, relativ weitreichenden magnetischen Feld umgeben sind, heben sich bei elektrischen Kabel mit parallelgeführten Adern für Hin- und Rückleitung (auch Phase und Nulleiter genannt) die entgegengesetzten magnetischen Wechselfelder der beiden Adern weitgehend auf. Durch ein Verdrillen der Adern miteinander kann dieser Effekt noch gesteigert werden.

Tabelle 2.7
Typische Feldstärken von magnetischen Wechselfeldern in der Umgebung von Geräten und Anlagen.

Typische Feldstärken von magnetischen Wechselfeldern		
Phänomen	Abstand	Magnetische Induktion (Mikro-Tesla)
Natürliche Feldstärke der Erde	überall	0,000.001
Hintergrundbelastung in Wohngebieten	überall	0,02 - 0,05
Kabel in Wand	20 cm	0,1
Bildschirm (Schwedennorm MPR II)	30 cm	0,25
Kühlschrank	30 cm	0,27
Bügeleisen	30 cm	0,37
Glühlampe	30 cm	0,5
Hochspannungsleitungen 1 kA	50 m	1 - 3
Bildschirm	30 cm	1,2
Kabel in Kleintrafo	20 cm	3
Fernseher	30 cm	4
elektrische Fußbodenheizung	5 cm	4
Niedervolt-Halogenleuchte	50 cm	12
Handbohrmaschine	30 cm	16
Hochspannungsleitung 1 kA	10 m	8 – 16
Elektroherd	30 cm	20
Zugfahrt ICE	5 m	20
Bahnstrecke	50 m	32
Heizlüfter	30 cm	40
elektrischer Rasierapparat	1 cm	100

Zusammenfassung

- Magnetische Wechselfelder entstehen durch fließenden Wechselstrom.
- Die Meßgröße für die Feldstärke ist Ampère pro Meter (A/m), für die magnetische Flußdichte Tesla (T).
- Die Gefahr von Auswirkungen auf den menschlichen Organismus steigt mit der Feldstärke und mit der Dauer des Aufenthalts (sog. Expositionsdauer).
- Eine Abschirmung ist kaum möglich, deshalb sind die felderzeugenden Geräte und Installationen insbesondere im Ruhebereich abzuschalten oder in entsprechendem räumlichen Abstand von felderzeugenden Geräten anzuordnen.

2.6 Hochfrequente elektromagnetische Felder

Die hochfrequente elektromagnetische Strahlung (HF) beginnt bei 30 kHz und reicht bis ans Ende des Mikrowellenbereiches ca. 300 Ghz (300 Milliarden Hertz). Mit Frequenzen oberhalb von 300 GHz folgen dann der Bereich der optischen und ionisierenden Strahlung (Höchstfrequenz).
Bei niedrigen Frequenzen bis etwa 30 kHz können elektrische und magnetische Wechselfelder noch weitgehend unabhängig voneinander auftreten; sie sind außerdem an elektrische Leiter gebunden, d.h. sie treten nur in der näheren Umgebung auf. Dies ändert sich bei höheren Frequenzen, da schnelle Änderungen des elektrischen Feldes ein magnetisches Wechselfeld erzeugen und umgekehrt. Mit steigender Frequenz entsteht eine Kopplung von elektrischem und magnetischem Feld, so daß man auch von einem „elektromagnetischen" Feld spricht. Elektromagnetische Felder mit mehr als 30 kHz sind nicht mehr an einen Leiter gebunden, sondern können sich vom Ort der Erzeugung lösen und sich frei im Raum ausbreiten. Man spricht dann nicht mehr von Feldern, sondern von Wellen. Die Ausbreitungsgeschwindigkeit von elektromagnetischen Wellen entspricht im Vakuum ebenso wie in Luft der Lichtgeschwindigkeit, das sind 300.000 km/sec.

Elektromagnetische Wellen transportieren Energie. Die pro Zeiteinheit übertragene Energie wird Strahlungsintensität oder Leistungsflußdichte genannt und in Watt pro Quadratmeter (W/m²) oder Milli-Watt pro Quadratzentimeter (mW/cm²) angegeben. Anhand von Tabellen können die Intensitäten der elektrischen und der magnetischen Feldkomponente in Abhängigkeit von der Frequenz ermittelt werden.
Mit Hilfe von Antennen können elektromagnetische Wellen gezielt und weiträumig abgestrahlt werden. Dieses Phänomen wird u.a. für die drahtlose Kommunikation genutzt, als Lang-, Mittel-, Kurz- und Ultrakurzwelle fürs Radio und für den Funkverkehr sowie als Ultrahochfrequenz (UHF und

Bezeichnung der Strahlung	Frequenzbereich
Langwelle	30 kHz - 300 kHz
Mittelwelle	300 kHz - 3 MHz
Kurzwelle	3 MHz - 30 MHz
Ultrakurzwelle	30 MHz - 300 MHz
Dezimeterwellen	300 MHz - 3 GHz
Zentimeterwellen	3 GHz - 30 GHz
Millimeterwellen	30 GHz - 300 GHz

Tabelle 2.8
Frequenzen elektromagnetischer Strahlung.

VHF) fürs Fernsehen und für drahtlose Telefone (Handys).

Geschichte

Die erste drahtlose Funkverbindung gelang 1895 dem italienischen Physiker Gugliemo Marconi über eine Entfernung von 2400 Metern. Wenig später wurde nachgewiesen, daß auch über sehr große Entfernungen wie über den atlantischen Ozean Verbindungen möglich sind. Seitdem sind die Techniken der Erzeugung und Übertragung von elektromagnetischen Wellen enorm weiterentwickelt worden, nicht zuletzt wegen ihrer überragenden Bedeutung für die Kommunikation. Arbeitete man bei der ersten Übertragung noch mit sogenannten Langwellen (Frequenz bis 300 kHz), die sich in Bodennähe ausbreiten, kam bereits 1923 eine Übertragung mit Kurzwellen (Frequenz 3.000 bis 30.000 kHz) zustande. Kurzwellen breiten sich unabhängig von der Erdoberfläche frei im Raum aus und werden erst in einer elektrisch leitenden Schicht der Atmosphäre in 250 km Höhe über dem Erdboden reflektiert, wodurch eine weltumspannende Kommunikation möglich ist.

War die Erzeugung elektromagnetischer Wellen im privaten Bereich bis in die siebziger Jahre nur Hobbyfunkern erlaubt, die erst nach bestandener Prüfung eine Sendelizenz erhielten, so konnten später mit dem sogenannten CB-Funk viele Menschen miteinander kommunizieren (bei LKW-Fahrern sehr beliebt). Die Kommunikation auf den wenigen zugeteilten Frequenzen konnte von allen, die ein entsprechendes CB-Funkgerät besaßen, mitgehört werden. Erst mit Einführung der Funktelefontechnik wurde die „geheime" Kommunikation einem großen Personenkreis zugänglich gemacht. Die Konsequenz: Jeder Funktelefonnutzer trägt mit seinem Sender ein bißchem zur Intensivierung der künstlichen elektromagnetischen Strahlung in der Atmosphäre bei.

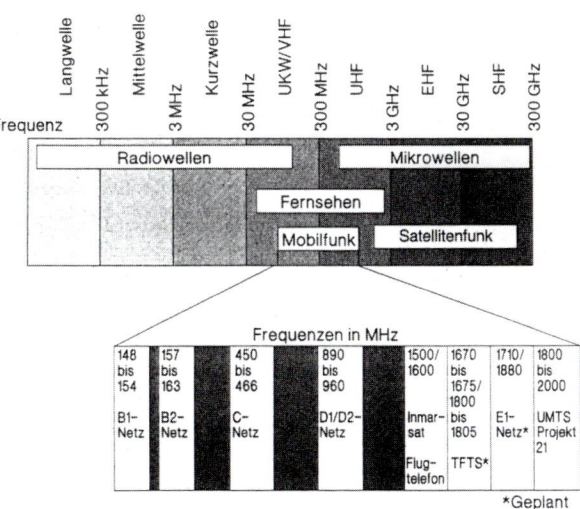

2.22
Frequenzbereiche, die für die drahtlose Kommunikation heute genutzt werden.
Quelle [2]

Natürliche und künstliche hochfrequente elektromagnetische Felder

Die natürliche hochfrequente Strahlung besteht im wesentlichen aus zwei Komponenten, der Licht- und Wärmestrahlung einerseits und der kosmischen Strahlung andererseits, letztere mit einer vergleichsweise geringen Intensität von ca. 10 Pikowatt/cm². Demgegenüber existiert heute eine künstliche Hochfrequenzstrahlung mit einer Strahlungsintensität von ungefähr 0,01 Mikrowatt/cm² entsprechend 10.000 Pikowatt/cm², die also ungefähr 1000 mal intensiver ist als die natürliche kosmische Strahlung. Es gibt keinen Ort auf der Welt, wo ausschließlich natürliche Hochfrequenzstrahlung gemessen werden kann.

Die künstliche hochfrequente Strahlung entsteht hauptsächlich durch Rundfunk, Nachrichtenübermittlung, Radartechnik, Bildschirmgeräte usw. Rundfunkwellen benutzen Frequenzen bis 100 MHz, das Fernsehen

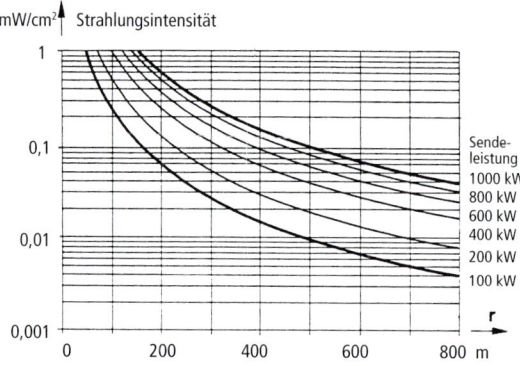

mW/cm² Strahlungsintensität

Sende-
leistung
1000 kW
800 kW
600 kW
400 kW
200 kW
100 kW

2.23
Abnahme der Strahlungsintensität im Nahfeld
von Mittelwellensendern.
Quelle [1]

Tabelle 2.9
Während der klassische Rundfunk noch analoge Sendetechniken einsetzt, kommt bei der modernen Kommunikationstechnik fast ausschliesslich gepulste digitale Strahlung zu Einsatz.

Strahlungsquelle	ungepulst analog	gepulst digital
Rundfunk	X	
Fernsehen	X	
Funktelefon B/C-Netz	X	
Funktelefon D/E-Netz		X
Schnurlose Telefone CT 1/ CT 2	X	
Schnurlose Telefone DECT		X

Frequenzen bis zu 800 MHz, Mobiltelefonnetze Frequenzen von 0,5 bis 2 GHz, Satellitenfunk Frequenzen um 11 GHz und Radar den Bereich von 5 bis 50 GHz. Insgesamt sind in den vergangenen 50 Jahren immer höhere Frequenzen und immer größere Bereiche für die technische Anwendung erschlossen worden.

Die Leistung insbesondere der Rundfunk- und Fernsehsendersender ist beträchtlich und beträgt bis zu 1000 kW, so daß in 100 m Entfernung vom Sendemast Strahlungsintensitäten von 0,8 bis 1,5 mW/cm² gemessen werden können. Im Einzelfall hängt die lokale Belastung von der Leistung und von der Entfernung des Senders ab.

Ähnliche Strahlungsintensitäten werden auch durch die Abstrahlung von Richtfunkantennen für den Mobilfunk erzielt. Dies bedeutet für die Praxis, daß im Haus nur dann ein erhöhtes Hochfrequenzfeld gemessen wird, wenn der Sender relativ nahe am Haus gelegen ist. Bisherige Messungen bestätigen, daß die vorgegebenen baubiologischen Grenzwerte für die Hochfrequenzstrahlung im Haus 0,1 Mikrowatt/cm² in der Praxis eher selten überschritten werden Anders verhält es sich mit selbstgenutzten Mobiltelefonen. Dieses Gerät wird in unmittelbarer Nähe des Kopfes eingesetzt und belastet trotz der geringen Sendeleistung den Körper mit einem Vielfachen der Strahlungsintensität. Antennen von Mobiltelefonen können in 1 cm Entfernung (Kopfnähe) bei einer Sendeleistung von 4 Watt Werte von 250 µW/cm² erreichen. Außerdem ist bei den Mobiltelefonen zwischen einer gepulsten und nicht gepulsten Strahlung zu unterscheiden. Die ungepulste Strahlung kann mit einem dauernd leuchtenden Scheinwerferlicht verglichen werden, während die gepulste Strahlung einem Stroboskopblitz vergleichbar ist.

Die Sendeleistung von Radargeräten im Mikrowellenfrequenzbereich bis 35 GHz ist sehr unterschiedlich. Während beim Verkehrsradar mit sehr kleinen Leistungen (100 mW) gearbeitet wird, kommen für das Flugzeugradar leistungsstarke Sender mit bis zu 1000 kW zum Einsatz. Trotzdem ergeben sich durch zeitliche Mittelung niedrige Belastungswerte in der Größenordnung von 10 Mikrowatt/cm^2.

Im Haushalt werden zunehmend Geräte mit Hochfrequenztechnik eingesetzt. Elektronische Vorschaltgeräte für Leuchtstoffröhren bzw. Energiesparlampen arbeiten mit 30 bis 60 kHz, ähnlich wie die elektronischen Transformatoren (Netzgeräte) für Niedervolt-Halogenlampen, Laptops und andere Kleingeräte. Mikrowellenherde arbeiten mit Frequenzen von 2.450 Megaherz.

Auswirkungen des hochfrequenten elektromagnetischen Feldes

Natürliche Hochfrequenzstrahlung mit Frequenzen über 100 MHz gelangt mit geringen Intensitäten aus dem Weltraum auf die Erde, da die Atmosphäre für diese Strahlung nur teilweise durchlässig ist. Die Radio-Astronomen beobachten diese Strahlung mit aufwendigen Geräten, um mehr über die Sterne und den Weltraum zu erfahren. Es ist grundsätzlich nicht auszuschließen, daß diese Botschaften aus dem Kosmos Einfluß auf das Leben auf der Erde haben, wegen ihrer geringen Intensität wird eine direkte (schädliche) biologische Wirkung aber kaum für möglich gehalten.

Auch die Leistungsdichte der künstlichen Hochfrequenzstrahlung aus dem Weltraum durch Satelliten ist – aufgrund der großen Entfernung zum Sender – sehr gering.

Tabelle 2.10:
Frequenzen und Sendeleistungen verschiedener Funksysteme, Mobilfunktürme und Sendemasten.   Quelle [23]

Frequenzen und Sendeleistungen verschiedener Funksysteme			
Übertragung	Trägerfrequenz	Leistung der Basisstation	Bemerkungen
C-Netz	450 - 465 MHz	8 W oder 35 W	analoges Signal
D-Netz	890 - 960 MHz GSM Standard*	Typisch: 10 W Maximal: 50 W	digital gepulst mit 217 Hz
E-Netz	1710-1880 MHz DCS Standard**	10 W	digital gepulst mit 217 Hz
Eurosignal	87 MHz	typ. bis 2000 W; Rundstrahlantennen auf hohen Funktürmen	europaweite Rufanzeige, Signalton („Pager", vor allem in Deutschland, Frankreich, Österreich);
Cityruf	470 MHz	100 Watt	regionale Rufanzeige mit Ziffern, Signalton
Richtfunk	mehrere Frequenzen (GHz- Bereich)	weniger als 10 W	Verkehr zwischen Netz-Basisstationen und Funknetzen; wird für Fernsehübertragungen genutzt
Betriebsfunk	410 - 430 MHZ	6 W	geschlossene Benutzergruppen (Polizei, Firmen, etc.)
Amateurfunk	ausgewählte Frequenzen	bis 750 W Spitzenleistung	Funkamateure haften selbst für die Einhaltung der Sicherheitsvorschriften

*GSM = Global System for Mobile Communication; ** DCS = Digital Cellular System

Dagegen erzeugen Radio- und Fernsehsender, Richtfunkstrecken, Radaranlagen und Hochfrequenzgeräte in der Industrie ein breites Strahlenspektrum mit zum Teil erheblicher Intensität, über deren biologische Wirkung im einzelnen wenig bekannt ist. Die Hochfrequenzstrahlung durchdringt normale Baustoffe (ausgenommen Metalle und Stahlbeton). Daher können wir auch im Innern der Häuser Radio- und Fernsehsender empfangen.

Die Vermutung, eine Antenne für den terrestrischen Empfang oder den Satellitenempfang von Rundfunk und Fernsehen würde die Hochfrequenzstrahlung im Haus erhöhen, trifft nicht zu. Das empfangene Hochfrequenzsignal wird in jedem Fall durch abgeschirmte Kabel im Haus verteilt, so daß eine Abstrahlung im Haus über die Antennenleitung ausgeschlossen ist.

Dringt hochfrequente Strahlung in einen Gegenstand oder den menschlichen Körper ein, wird ein Teil der Strahlungsenergie absorbiert und in Wärme umgewandelt. Hochfrequente Strahlung kann deshalb in einem Organismus wasserhaltiges Gewebe erwärmen. Dieser Effekt wird in der technischen Anwendung ausgenutzt, wenn mit geringen Wärmeverlusten ein Material erwärmt werden soll: Erhitzen von Speisen im Mikrowellenherd, Abbindebeschleunigung von Holzleimen, Hochfrequenzschweißen, Induktionsöfen usw. Allerdings kann die Hochfrequenzstrahlung bei bestimmten Frequenzen auch Strukturveränderungen der Moleküle (z.B. im Wasser bei Wellenlängen unter 1 m) anregen, die dann auch ohne spürbare thermische Einwirkung biologische Wirkungen zur Folge haben.

Im Gegensatz zu starken elektrischen Gleichfeldern (Aufstellen der Haare) kann der Mensch Hochfrequenz nicht wahrnehmen. Da Mikrowellen den Körper von innen nach außen erwärmen, können die in der Haut liegenden Wärmerezeptoren keine Warnung geben. Werden Auswirkungen

Grenzwerte für die Hochfrequenz-Leistungsdichte			
	Leistungsdichte im Frequenzbereich		Zeit
Land	0,3 - 3 GHz mW/cm²	3 - 300 GHz mW/cm²	h
BRD	2, 5 *	2,5 - 10 (ab 12 GHz)	–
Bundeswehr	keine Vorschriften	keine Vorschriften	8
ehemalige DDR	0,01 (0,025 UdSSR)	0,01 (0,025 UdSSR)	2
ehemalige DDR/UdSSR	0,1	0,1	0,33
ehemalige DDR/UdSSR	1,0	1,0	–
ehemalige DDR/UdSSR	0,001 (Schwangere)	0,001 (Schwangere)	–
USA (American Standards Institute 1982)	1,0 - 5,0 (ab 1,5 GHz)	5,0	–
US Army	10,0	10,0	–
Australien	1,0 (Arbeiter) 0,2	1,0 (Arbeiter) 0,2	–
Frankreich / Schweden	1,0	1,0	-
Polen	0,2	0,2	10
ehemalige CSSR	0,025	0,025	8

*(für Expositionszeiten unter 6 Minuten sind höhere Belastungen zulässig)

Tabelle 2.11 Vergleich der Grenzwerte für die Hochfrequenz-Leistungsdichte in verschiedenen Ländern. Quelle [8]

durch Wärmeproduktion spürbar, so ist die Schädigung bereits eingetreten.

Hochfrequenzstrahlung mit Wellenlängen von 2 bis 70 cm ist biologisch besonders wirksam, da die Eigenschaften und die Funktion der Biomoleküle durch Einwirkung solcher Strahlung verändert werden können. Der Satellitenfunk sendet mit Wellenlängen von 2 bis 8 cm, außerdem arbeiten Fernsehsender, Telefonnetze, der Richtfunk der Post und Mikrowellenherde mit entsprechenden Frequenzen. Letztere sind in zweierlei Hinsicht schädlich: Neben der von außen auf den Körper einwirkenden sogenannten „Leckstrahlung" von Mikrowellengeräten (5 mW/cm^2 sind in der BRD zulässig) wirken auch die so erhitzten Speisen durch den Verzehr auf den Körper, da sie durch die inkorporierten Schwingungen in ihrer Struktur zumindest eine Zeit lang verändert werden.

In einschlägigen Untersuchungen wurde festgestellt, daß bei einer Leistungsdichte von 10^{-7} mW/cm^2 (ein Zehnmillionstel des zulässigen Grenzwertes) das Ausströmen von Kalzium-Ionen aus den Gehirnzellen verändert wird. Kalzium-Ionen spielen eine Schlüsselrolle bei der Steuerung elektrischer Impulse an der Membran von Nervenzellen, ebenso beim Aufbau der anorganischen Knochenmasse. Daher können Veränderungen des Kalziumstoffwechsels die Ursache für weitergehende Störungen sein, wie z.B. die Schwächung des Immunsystemes, die Veränderung des Melatoninspiegels und der Fettproduktion. Melatonin ist ein wichtiges Hormon, welches das Zeitgefühl des Körpers beeinflußt und die Schlaf- und Wachphasen regelt. Melatonin verzögert außerdem das Wachstum bestimmter Tumore wie Brust-, Prostata- oder Hodenkrebs. Unter Einwirkung elektromagnetischer Felder wird der normalerweise beobachtete nächtliche Anstieg der Melatoninproduktion unterdrückt bzw. abgeschwächt.

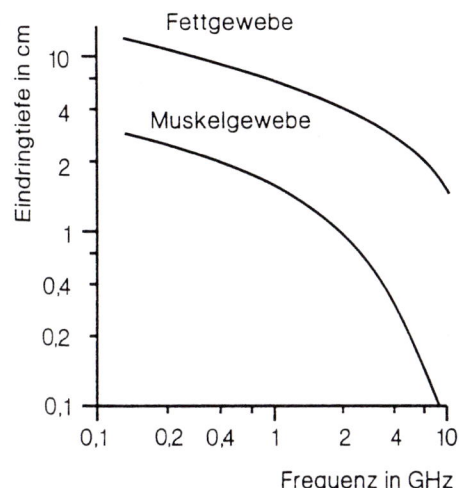

2.24
Die Eindringtiefe elektromagnetischer Strahlung ist von der Leitfähigkeit des Materials und von der Frequenz abhängig. Beim Menschen dringen Ultrakurzwellen in Fettgewebe tiefer ein als in Muskelgewebe.
Quelle [1]

Tabelle 2.12
Vom Bundesamt für Strahlenschutz empfohlene Mindestabstände zu Hochfrequenzstrahlern (bei Daueraufenthalt).
Quelle [2]

Empfohlene Mindestabstände zu Hochfrequenzstrahlern		
Strahlungsquelle	Leistung	Empfohlener Abstand
TV Sender IV / V	100 kW	45 m
UKW-Hörfunk-Sender	500 W	9,5 m
D-Netz-Basisstation	8 Kanäle a 50 W	4,76 m
Richtfunkantenne 13 GHz	0,5 W	1,78 m
C-Netz-Funkstation	23 Kanäle a 8 Watt	1,78 m
Mikrowellenherd	600 W	0,25 m

Empfohlene Mindestabstände bei Mobiltelefonen		
Frequenz	Spitzenleistung	Mindestabstände
450 MHz analoges C-Netz	bis 0,5 W	kein Mindestabstand
	bis 1 W	ca. 4 cm
	bis 5 W	ca. 20 cm
	bis 20 W	ca. 40 cm
900 MHz digitales C-Netz	bis 2 W	kein Mindestabstand
	bis 4 W	ca. 3 cm
	bis 8 W	ca. 5 cm
	bis 20 W	ca. 8 cm
1800 MHz digitales E-Netz	bis 1 W	kein Mindestabstand
	bis 2 W	ca. 3 cm
	bis 8 W	ca. 7 cm
	bis 20 W	ca. 12 cm

Tabelle 2.13
Vom Bundesamt für Strahlenschutz empfohlene Mindestabstände für Mobiltelefone (Antenne - Körper).
Quelle [2]

Zur Abschätzung der biologischen Wirksamkeit von hochfrequenten Feldern ist neben der schon erwähnten Strahlungsintensität oder Leistungsflußdichte (Maßeinheit mW/cm^2) eine weitere physikalische Kenngröße von Bedeutung, die spezifische Absorptionsrate (SAR). Der SAR-Wert gibt an, wieviel hochfrequente Energie im Organismus absorbiert und in Wärme umgewandelt werden kann. Die Einheit ist Watt pro Kilogramm Körpergewicht. Es wird dabei nicht zwischen Kleinkindern und Erwachsenen unterschieden, so daß für beide Personengruppen dieselben Belastungsgrenzen gelten.

Der Grenzwert von 10 mW/cm^2 wurde in den USA vom Militär festgesetzt und von der Bundesrepublik Deutschland übernommen. Bei der Festsetzung dieser Grenzwerte

Typische Leistungsflußdichten für Hochfrequenzstrahlung		
Quelle	Frequenz	Expositionswerte in mW/cm^2
Natürlicher Strahlungspegel an der Erdoberfläche	über den gesamten HF Bereich integriert	0,00007
Belastung in US Ballungsgebieten (1980) ca. 99% der Bevölkerung		< 0,001
einige Orte und Großstädte der BRD (1985)		0,01 - 0,04
Grenzwert für Dauerexposition durch HF in Wohngebieten	je nach Frequenz	0,2 - 1
Mittelwelle -Radiosender - durchschnittlicher Pegel für sauberen Empfang - 100 kW Sender in 500 m Abstand - 400 kW Sender in 100 m Abstand	ca. 1 MHz ca. 1 MHz ca. 1 MHz	0,0000001 0,01 1
Starke Rundfunk- und Fernsehsender (UKW, VHF-TV) in ca. 1,5 km Abstand	50 - 200 MHz	< 0,005
Flugüberwachungs- und Militärradar -Abstand 0,1 bis 1 km -Abstand größer 1 km	1 - 10 GHz	0,01 - 1 < 0,05
Bei medizinischen Anwendungen (Diathermie), Personal und unbehandelte Körperstellen des Patienten	27,12 MHz	ca. 25
An einigen Arbeitsplätzen am Ort der Bedienperson (z.B. dielektrisches Plastikschweißen, dielektrische Erwärmung)	27,12 MHz bzw. 2,45 GHz	bis 200

Tabelle 2.14
Typische Leistungsflußdichten für Hochfrequenzstrahlung aus verschiedenen Quellen.
Quelle [2]

wurden allerdings folgende Neben- und Kombinationswirkungen nicht berücksichtigt:

- die Expositionsdauer,
- Resonanzeffekte bei lebenden Zellen,
- die unterschiedliche Wirkung analoger und digital gepulster Signale sowie
- die Kombinationswirkung durch gleichzeitige Mikrowellenstrahlung verschiedener Frequenzen.

So wird – wie in Tierversuchen an der Universität Lübeck festgestellt wurde – die Immunreaktion von Zellen durch gepulste Felder um bis zu 90% vermindert.

Schutz vor hochfrequenten elektromagnetischen Feldern in Räumen

Hochfrequenzstrahlung kann durch elektrisch gut leitende Umhüllung (Metallgewebe oder Bleche) relativ gut abgeschirmt, mindestens aber gedämpft werden. Mit zunehmender Frequenz muß die Abschirmung, d.h. die leitende Umhüllung, immer „dichter" ausgeführt werden; gleichzeitig verringert sich die Eindringtiefe der Strahlung in den Organismus.

Abstand halten ist die effizienteste Art, um sich vor der Einwirkung dieser Strahlen zu schützen. Das Bundesamt für Strahlenschutz in Deutschland hat Empfehlungen für den Daueraufenthalt im Umfeld von Sendeanlagen und für den Gebrauch von Mobiltelefonen herausgegeben.

Aus der näheren Umgebung von Daueraufenthaltsorten und Schlafplätzen sind Transformatoren, Halogenniedervoltsysteme und Leuchtstofflampen zu entfernen. Mikrowellenherde sollten in der Vorratskammer betrieben werden und nicht in der Küche. Schnurlose Telefone sind im Haus zu vermeiden; Funktelefone sollten in geschlossenen abgeschirmten Räumen (d.h. im Zug oder im Auto) nicht ohne Antennenanschluß betrieben werden. Auf im Raum anwesende Personen ist Rücksicht zu nehmen.

Zusammenfassung

- Bei hochfrequenten Wellen treten elektrisches und magnetisches Feld immer gemeinsam auf.
- Die Leistungsdichte wird in Watt pro Quadratmeter (W/m²) angegeben.
- Die elektromagnetische Welle kann gezielt und weiträumig mit Antennen abgestrahlt werden.
- Leitfähige Materialien absorbieren die Energie.

2.7 Licht und Sonnenstrahlung

Im Spektrum der elektromagnetischen Wellen schließt an die Hochfrequenz die optische Strahlung an:

- die Infrarotstrahlung, auch Wärmestrahlung genannt,
- das sichtbare Licht
- die UV-Strahlung.

Die UV-Strahlung zählt bereits zur sogenannten ionisierenden Strahlung. Darunter versteht man eine so energiereiche Strahlung, die Atome ionisieren und den Aufbau von Molekülen ebenso wie lebende Zellen verändern kann.

Sichtbares Licht

Für das Leben auf der Erde ist das sichtbare ebenso wie das nicht sichtbare Licht der Sonne unverzichtbar. Das sichtbare Licht läßt uns die Dinge der Welt sehen, und zwar nicht nur die Konturen, sondern auch die Farben. Außerdem wird mit dem Licht unser Lebensrhythmus und der Stoffwechsel im Tag-Nacht-Wechsel gesteuert.
Physiologisch haben sich die Menschen auf das in ihrem Lebens- und Klimabereich vorherrschende Sonnenspektrum und die damit verbundene Lichtmenge eingestellt.
Für das physische und psychische Wohlbefinden des Menschen sind helle und besonnte Wohn- und Arbeitsräume notwendig.

Tabelle 2.15
Energieverteilung des Sonnenspektrums.

Energieverteilung des Sonnenspektrums		
Strahlungskomponente	Energie-inhalt	Wellenlänge
Ultraviolette Strahlung	3%	280 – 380 nm
Sichtbares Licht	44%	380 – 700 nm
Infrarote Strahlung	53%	700 – 1200 nm

Um ausreichende natürliche Belichtung zu gewährleisten, sollte der Anteil der Fensterfläche $\frac{1}{8}$ der Raumfläche nicht unterschreiten. Für ein Kinderzimmer mit 16 m² Fläche sind daher mindestens 2 m² Fensterfläche vorzusehen. Für Schulen, Büros und Werkstätten gelten höhere Anforderungen.
Licht als solches kann nicht gesehen werden, vielmehr sind die vom Licht getroffenen Dinge Gegenstand des Sehens. Die Lichtintensität kann nur im Zusammenhang mit der Dunkelheit wahrgenommen werden. Denn erst durch Schatten und Licht entsteht Kontrast. Eine undifferenzierte Ausleuchtung des Raumes nach geforderten Beleuchtungsstärken ist nicht sinnvoll, denn erst die ausgewogene Verteilung von hellen und dunkleren Zonen, z.B. helle Decke und dunkler Boden oder ein heller Arbeitsplatz mit dunklerer Ruhezone, wird aufgrund der abwechslungsreichen Sinneseindrücke als angenehm empfunden.

Lichtstärke

Die gesamte Strahlungsleistung, die von einer Lichtquelle abgegeben und vom Auge als Helligkeit bewertet wird, heißt Lichtstrom (Maßeinheit: Lumen, abgekürzt lm). Der Lichtstrom pro Flächeneinheit, z.B. der auf 1 m² Schreibtischfläche treffende Lichtstrom, wird Beleuchtungsstärke genannt (Maßeinheit: Lux, abgekürzt lx).
1 Lux = 1 Lumen pro m².
Die Beleuchtungsstärke ist lediglich eine Meßgröße. Sie kann vom Menschen nicht direkt wahrgenommen werden, sondern kann nur über die Reflexion und Farbe des Materials eine Wirkung auf den Menschen haben. In der DIN 5035 Teil 2 sind Richtwerte für die Beleuchtung von Arbeitsstätten-Innenräumen festgelegt.

Richtwerte für Raumhelligkeit	
Raumart	Helligkeit
Lagerräume mit Suchaufgaben	100 Lux
Lagerräume mit Leseaufgaben	200 Lux
Kantinen	200 Lux
Toiletten	100 Lux
Sanitätsräume	500 Lux
Maschinenräume	100 Lux
Büroräume	500 Lux
Technisches Zeichenbüro	750 Lux
Besprechungsräume	300 Lux
Montageräume	1000 Lux
Räume für Datenverarbeitung	500 Lux
Verkehrswege in Gebäuden	50 Lux
Verkehrswege in Gebäuden (Treppen)	100 Lux

Beispiele für typische Leuchtdichten	
Leuchtquelle	Candela/m^2
Klarer Himmel	0,2 - 1,2
Mond	0,25
Kerzenflamme	0,7
Glühlampe mattiert	5 – 50
Leuchtstofflampen	0,3 - 1,3
gut beleuchtete Straßen	2
Schreibmaschinenpapier auf gut beleuchtetem Schreibtisch	250
Xenon-Hochdrucklampen	15.000 - 50.000
Sonne	150.000

Tabelle 2.16 (links)
Richtwerte für die Raumhelligkeit nach
DIN 5035/2.

Tabelle 2.17 (rechts)
Beispiele für typische Leuchtdichten.

Jede Lichtquelle strahlt im allgemeinen nach verschiedenen Richtungen unterschiedlich stark. Die in einer bestimmten Richtung vorhandene sichtbare Strahlungsstärke heißt Lichtstärke (Maßeinheit: Candela, abgekürzt cd). Der im Auge entstehende Helligkeitseindruck wird als Leuchtdichte bezeichnet (Maßeinheit: Candela pro Quadratmeter, abgekürzt cd/m^2).

Licht und Farbe

Ebenso wie eine einheitliche Helligkeit wird monochrome, künstliche Farbe nur als Signal oder inhaltslose Information wahrgenommen. Polychrome, zusammengesetzte Farben, wie sie in der Natur ausschließlich vorkommen, beziehen sich dagegen immer aufeinander. Das Zusammenspiel beruht auf dem Phänomen, daß jede Farbe im verborgenen viele andere Farben mitträgt. Eine lasierende Farbbehandlung der Wände in mehreren Farbschichten greift diesen Aspekt der polychromen Gestaltung auf und belebt, kontrastiert und vertieft die glatte Wand. Auch das Sonnenlicht ändert im Laufe des Tages seine Farbzusammensetzung; am Morgen enthält es mehr Blauanteil und regt da-

2.25
Spektrale Zusammensetzung verschiedener Lichtquellen: Sonnenlicht, Leuchtstofflampe und Glühlampe.
Quelle [10]

43

mit zu Aktivität und Aufmerksamkeit an, während am Abend der Rot-Orange-Anteil größer ist und die Entspannung begünstigt. Entsprechend wirken die Farben auch auf viele Stoffwechselvorgänge bei Pflanzen, Tieren und Menschen.

Künstliche Beleuchtung sollte diese Phänomene berücksichtigen, indem Lampen mit zu den Aktivitätsbereichen passenden Lichtspektren eingesetzt werden. Arbeitslicht in Werkstätten oder in Dunkelzonen von Büroräumen sollten deshalb möglichst hohe Blau-Grün-Anteile haben. Ein derartiges Lichtspektrum wird in zufriedenstellender Weise nur von sogenannten Tageslichtröhren erzeugt. Um die natürliche physiologische Rhythmik der Mitarbeiter zu unterstützen, wird mittlerweile in großen Bürogebäuden die Beleuchtung der Räume in fensterlosen Bereichen durch computergesteuertes Mischlicht der spektralen Veränderung des Tageslichtes angepaßt. Im Wohnbereich ist das künstliche Licht der Glühlampen mit dem hohen Gelb-Orange-Anteil völlig ausreichend, da es meist erst gegen Abend eingeschaltet wird.

Wärmestrahlung und UV-Strahlung

Nicht sichtbar, aber spürbar sind die langwelligen Wärmestrahlen (Infrarot-Strahlen) der Sonne. Für die langwellige Wärmestrahlung besitzt der menschliche Körper auf der Hautoberfläche eine Vielzahl an Rezeptoren. Die kurzwelligen ultravioletten Strahlen dagegen, die wichtige physiologische Vorgänge im Körper beeinflussen, z.B. die Bildung von Vitamin D, und damit den Kalk- und Phosphorhaushalt im Organismus regelt, kann nicht unmittelbar wahrgenommen werden. Wegen des hohen Energieinhalts kann diese Strahlung für den menschlichen Körper bereits gefährlich werden. Ein direkter Blick in die Sonne führt zu Hornhautverbrennungen und ein zu langer Aufenthalt in der Sonne kann einen Sonnenbrand oder Sonnenstich zur Folge haben. Dauernde Bräunung der Haut fördert die Entstehung von Hautkrebs.

2.8 Ionisierende Strahlung aus dem Kosmos und aus der Erde

Strahlung mit einer kürzeren Wellenlänge als der des sichtbaren Lichts wird als ionisierende Strahlung oder auch radioaktive Strahlung bezeichnet. Je kürzer die Wellenlänge dieser Strahlung, umso höher ist ihr Engergiegehalt. Mit zunehmendem Energiegehalt vermag die Strahlung den Aufbau der Atome und Moleküle und sogar der Atomkerne zu verändern. Daher kann sie auch je nach Dosierung die Erbsubstanzen von Zellen verändern oder Zellen zerstören.

Die Aktivität eines radioaktiven Stoffes wird durch die Anzahl der radioaktiven Zerfälle pro Sekunde eines Stoffes charakterisiert. Die gebräuchliche Einheit der Aktivität ist das Becquerel (1 Bq = 1 Zerfall pro Sekunde). Um die Gefährdung oder Schädigung menschlicher Körperzellen durch ionisierende Strahlung zu bewerten, ist eine Bewertung der biologischen Wirksamkeit erforderlich. Dabei werden die Eindringtiefe und die unterschiedliche Ionisationsfähigkeit der verschiedenen Strahlungsarten (alpha, beta oder gamma-Strahlen) berücksichtigt. Die gefährlichste Strahlung ist die Gammastrahlung, da sie tief in das menschliche Gewebe eindringt und erst von dicken Bleiplatten abgeschirmt werden kann.Die Einheit der sogenannten Äquivalenzdosis ist das Sievert (früher gebräuchlich rem; 1 rem = 0,01 Sievert).

In unserem Lebensraum sind wir der radioaktiven Strahlung aus verschiedenen Quellen ausgesetzt.

Kosmische Höhenstrahlung

Die kosmische Ultrastrahlung von der Sonne und aus dem Weltraum wird durch die oberen Schichten der Erdatmosphäre weitgehend zurückgehalten, d.h. abgebremst und umgewandelt; dabei entsteht eine ionisierende Sekundärstrahlung, welche die Erdoberfläche erreicht (und sogar in die Erde eindringt) und mit ca. 0,3 bis 0,5 mSv jährlich (entsprechend 30 bis 50 mrm/a) zur „natürlichen Strahlenbelastung" beiträgt.

Gesteine

Die zweite Quelle der natürlichen Strahlenbelastung sind die in der Erde und damit auch in bestimmten Baumaterialien enthaltenen radioaktiven Substanzen, die aus den Zerfallsreihen der radioaktiven Elemente Uran, Radium und Thorium stammen und insbesondere in Erguß- und Tiefengesteinen vorkommen. Ihr Beitrag zur Strahlenbelastung liegt im Mittel bei ca. 0,3 - 0,4 mSv jährlich (= 30 - 40 mrem/a) und schwankt je nach Gesteinsvorkommen im Untergrund. Werden Gesteine mit erhöhter Radioaktivität als Baustoffe für den Hausbau verwendet, kann es beim Aufenthalt im Haus zu einer deutlich erhöhten Strahlenbelastung kommen. Um die verschiedenartige Radioaktivität von Baumaterialien durch einen einheit-

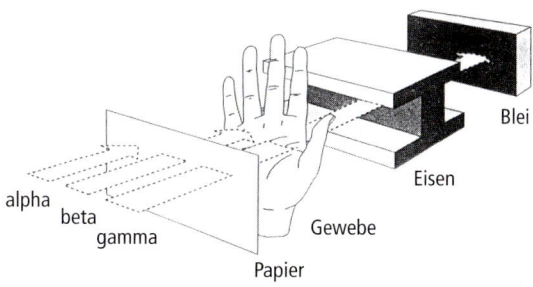

2.26
Die unterschiedlichen Eigenschaften von α-, β- und γ-Strahlung werden durch die Wechselwirkung mit Materie sehr deutlich: α-Strahlung wird durch ein Blatt Papier zurückgehalten. β-Strahlung (Elektronenstrahlung) wird z.B. durch Gewebe (hier eine Hand) absorbiert, während γ-Strahlung sogar Eisen durchdringt und sich lediglich durch dicke Bleiplatten abschirmen läßt.
Quelle [21]

lichen Wert zu kennzeichnen, wurde die Leningrader Summenformel eingeführt, bei der die Arten der Strahlung mit entsprechender Gewichtung zusammengerechnet werden (siehe Anhang: Leningrader Summenformel).
Die Tabelle gibt einen Überblick, in welchem Umfang Baumaterialien zur Erhöhung der Strahlenbelastung beitragen.
Die Schwankungen sind je nach Herkunft der Baustoffe recht groß. Aktuelle Messungen an Fliesen ergaben, daß die meisten Produkte zwischen einem Wert von 0,4 bis 0,8 liegen. Für die Bewertung der Strahlenbelastung durch Baustoffe gibt es bislang keinerlei bindende, den Verbraucher schützende Richtlinien oder Vorschriften. Eine Abschätzung der Belastung durch die „Leningrader Summenformel" bedeutet eine zusätzliche Strahlendosis durch äußere Bestrahlung von insgesamt 1,5 mSv/a, wenn der zu berechnende Wert 1 ergibt. Baustoffe mit einem

Baustoffe	Anzahl der untersuchten Proben	Baustoffproben über dem Richtwert
Natursteine		
Granit	32	25%
andere Erstarrungsgesteine	21	5%
Tuff, Bims	20	35%
Schiefer	8	0%
Kalkstein, Marmor	20	0%
Sandstein, Quarzit	18	0%
sonstige Natursteine	4	0%
Mauersteine		
Ziegel herkömmlicher Art, ohne Zusatz	109	2%
Rotschlammsteine (nicht im Handel)	23	91%
Schamotte	9	0%
Zementgebundene Steine oder Betonsteine		
Bims - Zuschlag	31	29%
Ziegelsplitt - Zuschlag	3	0%
Blähbeton - Zuschlag	17	0%
Schlacke - Zuschlag	9	33%
Holz - Zuschlag	5	0%
natürlicher Zuschlag	4	0%
Kalksandstein, Gasbeton	31	0%

Tabelle 2.18
Radioaktivität von Baustoffen.
Quelle [10]

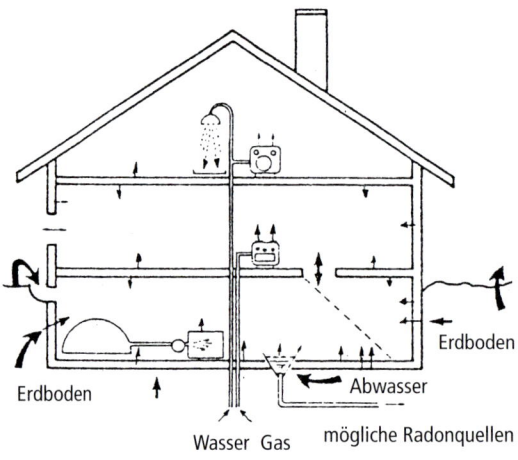

Wert über 1,0 sollten danach in größeren Mengen nicht verbaut werden. Der empfohlene Richtwert von 1,5 mSv/Jahr ist im Vergleich zur zulässigen äußeren Strahlenbelastung aus Atomkraftwerken von 0,3 mSv/Jahr recht hoch. Deshalb sollten nur Baustoffe mit einem Wert bis max. 0,5 zum Einsatz kommen, was eine Belastung von 0,75 mSv/a bedeutet.

Radongas

Radioaktives Radon in der Raumluft (ein Edelgas, das durch den Zerfall von Radium entsteht) kann die radioaktive Belastung in Innenräumen weiter erhöhen.
Der Erdboden unter den Häusern enthält immer eine gewisse Menge Radon. Durch Risse in der Bodenplatte und in den Kellerwänden gelangt es in die Innenräume. Die Radonbelastung – gemessen in Becquerel pro Kubikmeter Luft (Bq/m^3) – liegt im Freien bei ca. 14 Bq/m^3 und erreicht in bundesdeutschen Wohnungen durchschnittlich 50 Bq/m^3. 100 Bq/m^3 können noch als normal angesehen werden. Bei höheren Konzentrationen sollte als erste Gegenmaßnahme stärker gelüftet werden. Bei Werten über 250 Bq/m^3 muß den Ursachen der Konzentration nachgegangen werden (Risse, Baustoffe) und mit einem Fachmann ein Sanierungskonzept erarbeitet werden. Nach den Empfehlungen der Strahlenschutzkommission sollte eine Belastung von 250 Bq/m^3 nicht überschritten werden. Die durchschnittliche Strahlenbelastung durch Radongas wird in der BRD mit 0,8 mSv/a angesetzt.

2.27
Quellen und Eintrittswege für erhöhte Radon-Konzentration in Häusern.
Quelle [10]

Die Strahlenbelastung des Menschen

Insgesamt beträgt die genetisch signifikante Strahlendosis aus natürlichen Quellen (d.h. die Strahlungsmenge, die Erbschäden auslösen kann) im Freien ca. 1,0 mSv jährlich (= 110 mrem/a). Bei dauerndem Aufenthalt in Räumen und in ungünstigen Fällen kann diese Dosis auf jährlich 2,0 mSv und darüber steigen. Mit zunehmender Dosis steigt auch die Wahrscheinlichkeit, daß Erb- und andere Zellschäden auftreten. Andererseits haben sich die Organismen und auch der Mensch im Laufe der Evolution an die vorhandene Strahlenbelastung gewöhnt und Reparaturmechanismen entwickelt, um kleinere Defekte auszugleichen und zu überleben. Das heißt aber nicht, daß durch die natürliche (und erst recht durch die künstliche) Radioaktivität keine Schäden auftreten, sondern nur, daß sie selten größere Auswirkungen haben und damit wenig signifikant sind. Die internationale Strahlenschutzkommission empfiehlt als Grenzwert zur Vermeidung genetischer Schäden eine maximale Dosis von 1,7 mSv jährlich oder 5 Zentisievert (cSv) in 30 Jahren (= 5 rem). Bei sorgfältiger Baustoffauswahl kann dieser Wert durchaus unterschritten werden. Zusätzlich zu der natürlichen Strahlenbelastung hat der Mensch in den letzten Jahrzehnten weitere Belastungen selbst geschaffen. So können durch medizinische Diagnostik (Röntgen etc.) individuell noch bis zu 1,5 mSv (= 150 mrem/a) zur natürlichen Dosis jährlich hinzukommen. Die Belastung durch kerntechnische Anlagen (Kernkraftwerke, Wiederaufbereitungsanlagen etc.) wird von offizieller Seite im allgemeinen niedrig eingeschätzt (0,02 mSv jährlich = 2 mrem/a), doch können lokal erheblich höhere Werte auftreten. Zudem werden von diesen Anlagen auch solche radioaktiven Stoffe abgegeben, die sich über Nahrungskreisläufe anreichern und den Menschen am Ende dieser Kette erheblich stärker belasten können, als dies der eben genannte offizielle Richtwert vermuten läßt.

Der kanadische Wissenschaftler A. Petkau hat schon im Jahre 1972 bei Versuchen herausgefunden, daß unter Wasser bestrahlte Zellmembrane (künstliche Phospholidmembrane, die den Zellmembranen von lebenden Zellen ähnlich sind) bei längerer Bestrahlungsdauer bei einer viel niedrigeren total absorbierten Strahlungsdosis zerbrechen, als wenn diese totale Dosis als Kurzzeitbestrahlung (wie zum Beispiel beim Röntgen) abgegeben wurde. Die Zellhaut ist also gegenüber Schädigungen durch Radioaktivität außerordentlich empfindlich, und zwar besonders gegenüber dauernder Strahlungsexposition.

| Entwicklung der erlaubten Strahlendosis ||
Jahr	Dosis (in rem pro Jahr)
1902	2500 rem/a
1920	100 rem/a (= $^1/_{25}$ von 1902)
1931	50 rem/a
1936	25 rem/a
1948	15 rem/a
1956	5 rem/a ($^1/_{500}$ von 1902)
1959	170 mrem/a
1973	150 mrem/a

Tabelle 2.19
Zur Verläßlichkeit von Grenzwerten: Entwicklung der erlaubten Strahlenbelastung durch radioaktive Stoffe in den Jahren 1902 bis 1973. Quelle [10]

3. Gesundheitsgefährdung und Grenzwerte

Über die Auswirkungen von elektrischen und magnetischen Feldern und Hochfrequenzstrahlung auf den Menschen gibt es inzwischen zahlreiche Untersuchungen von verschiedenen Fachleuten, so z.B. von Biologen wie Andreas Varga und von Physikern wie Herbert König oder Norbert Leitgeb. Ein Großteil ihrer Untersuchungen betrifft die Langzeit-Effekte und die Klärung von Wirkungszusammenhängen. Ebenso interessant sind aber die unmittelbaren Wirkungen auf den Menschen, also Phänomene wie z.B. Schlaflosigkeit, Nervosität, Bettnässen etc. Viele Messungen in den letzten Jahren haben gezeigt, daß die Menschen sehr unterschiedlich auf elektromagnetische Einflüsse reagieren. Menschen, die auffällig stark auf elektrische und magnetische Felder reagieren, werden als „Elektrosensible" bezeich-

net. Der Anteil der Kinder in dieser Gruppe ist signifikant hoch. Was die Auswertung der Forschungsergebnisse so schwierig macht, ist die Komplexität der festgestellten Folgen und deren gegenseitige Abhängigkeit. Epidemologische Studien in Skandinavien aus den 90er Jahren haben eine Bestätigung der bis dahin bekannten bzw. vermuteten Risiken durch die Einwirkung elektromagnetischer Felder (EMF) erbracht. Das Risiko einer Leukämieerkrankung im Kindesalter ist deutlich erhöht bei EMF-Einwirkung von mehr als $0,2~\mu T = 200~nT$. Ebenfalls gibt diese Studie Hinweise auf erhöhte Risiken für Brust- und Hirntumore.

Trotzdem bleibt es schwierig, im Einzelfall einen eindeutigen Wirkungszusammenhang zwischen elektromagnetischer Strahlung und direkter Auswirkung auf den Menschen

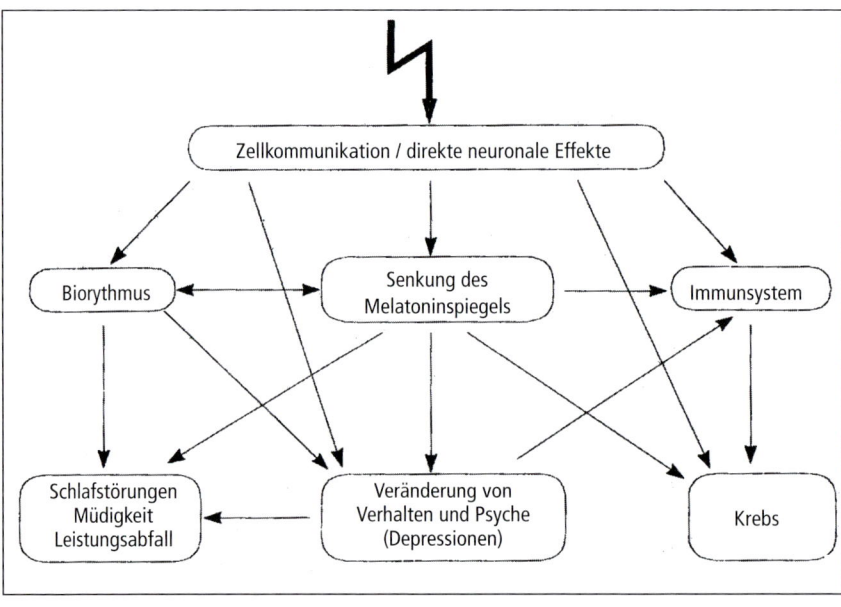

3.1
Gesundheitliche Auswirkungen durch niederfrequente Felder.
Quelle [2]

Wahrscheinlichkeit von Krebserkrankung durch Magnetfelder				
	Befunde: Relatives Risiko (KI = 95%)			Exposition bzw.
Epidemologische Studien	Leukämie	Gehirntumore	Alle Krebsarten	Abstand v. Leitung.
Wertheimer 1979, USA	**3,0 (1,8 - 5,0)**	**2,4(1,2 - 5,0)**	**2,2 (1,6 - 3,1)**	
Fulton 1980, USA	**1,1 (1,0 - 1,2)**	nicht untersucht	nicht untersucht	
Myers, 1985, GB	*2,4 (0,9 - 6,6)*	nicht untersucht	*1,4 (0,7 - 2,9)*	50 - 74 m
Tomenius, 1986, S	*0,3 (0,2 - 0,7)*	3,9 (1,6 - 8,4)	**2,1 (1,7 - 2,6)**	0,3 µT
Savitz, 1988,USA	*1,5 (0,9 - 2,6)*	2,0 (1,1 - 3,8)	**1,5 (1,0 - 2,3)**	
Coleman, 1989, GB	*1,5 (0,7 - 3,4)*	nicht untersucht	nicht untersucht	50 m
London 19991, USA	**2,2 (1,1 - 4,3)**	nicht untersucht	nicht untersucht	
Feychting, 1993, S	**2,7 (1,0 - 6,3)**	*0,7 (0,1 - 2,7)*	*1,1 (0,5 - 2,1)*	0,2 µT
Olsen, 1993, DK	*1,5 (0,3 - 6,7)*	*1,0 (0,2 - 5,0)*	*1,5 (0,6 - 4,1)*	0,25 µT
Verkasalo, 1993, SF	*1,6 (0,3 - 4,5)*	*2,3 (0,8 - 5,4)*	*1,5 (0,7 - 2,7)*	0,2 µT
Lin, 1994, RC	**1,5 (1,2 - 1,9)**	nicht untersucht	nicht untersucht	
Gordon 1990*	nicht untersucht	nicht untersucht	**2,1 (1,2 - 3,6)**	0,3 µT
Feychting, 1993**	**2,1(1,1 - 4,1)**	*1,5 (0,7 - 3,2)*	*1,3 (0,9 - 2,1)*	0,2 µT
Washburn, 1994*	**1,5 (1,1 - 2,0)**	**1,9 (1,3 - 2,7)**	nicht untersucht	

* Zusammenfassung mehrerer vergleichbarer Studien   RR (relatives Risiko) nicht erhöht
** Zusammenfassung dreier skandinavischer Studien   *RR nicht signifikant erhöht*
RR signifikant erhöht

Erläuterung: Angegeben ist jeweils das relative Risiko für die einzelnen Krebsarten mit der dazugehörigen Wahrscheinlichkeits-
spanne (Vertrauens- oder Konfidenzintervall = KI): Wird das KI mit 95% beziffert, muß mit einer Fehlerwahrscheinlichkeit von
5% gerechnet werden.

Lesebeispiel:
Was bedeutet RR = 1,5 (1,1 bis 2,0) ?
Antwort: Für das relative Risiko (= RR) wurde hier ein Wert von 1,5 ermittelt; das heißt, die Wahrscheinlichkeit an Krebs zu er-
kranken ist eineinhalbmal größer als bei Kindern einer Vergleichsgruppe. Wegen der statistischen Unsicherheiten liegt das Risiko,
durch Elektrosmog krank zu werden, jedenfalls mit einer Sicherheit von 95% irgendwo zwischen 1,1 und 2,0. Das Ergebnis ist
signifikant, weil das Risiko auf jeden Fall über eins liegt. Bei einem KI-Intervall von 0,3 - 6,7 könnte das Risiko für die Betroffenen im Vergleich zur Gesamtheit dagegen sowohl größer sein (6,7), als auch statistisch geringer (0,3). Da die 1 innerhalb des
Intervalls liegt, werden solche Ergebnisse als statistisch „nicht signifikant" bewertet. Bei großen Konfidenzintervallen sind entsprechend große Zufallsschwankungen möglich.

Tabelle 3.1
Ergebnisse epidemiologischer Studien über Krebs bei Kindern im Zusammenhang mit einer Ex-
position durch Magnetfelder von Hochspannungsleitungen.   Quelle [23]

nachzuweisen. Eine Erfolgskontrolle ist nur durch Beseitigung der Strahlungsbelastung möglich und durch kontinuierliches Protokollieren aller Veränderungen des Gesundheitszustandes der betroffenen Person.

Die langfristigen Auswirkungen versucht man inzwischen durch viele epidemologische Untersuchungen zu erfassen. Dabei konzentriert man sich auf bestimmte schwere Krankheiten, vor allem auf verschiedene Formen von Krebs. Amerikanische und schwedische Studien haben z.B. ein eindeutiges Krebsrisiko schon bei sehr geringen magnetischen Wechselfeldern ergeben, wie sie in sehr vielen Häusern innerhalb der Elektroinstallation auftreten können. Das Ergebnis einer schwedischen Studie besagt, daß bei einem magnetischen Wechselfeld von 150 Nanotesla das Leukämierisiko ungefähr zweimal so hoch ist wie gewöhnlich. 100 Nanotesla sind ein Tausendstel des momentan zulässigen Wertes der Weltgesundheitsorganisation für das magnetische Wechselfeld.

Die veröffentlichten Studien werden immer wieder mit dem Hinweis angezweifelt, daß für eine statistische Auswertung die Anzahl vergleichbarer Fälle zu gering sei. Die Kritiker lassen bisher keine Studie als Beweis für einen kausalen Zusammenhang zwischen magnetischen und elektrischen Feldern einerseits und biochemischen Reaktionen des Körpers andererseits gelten.

Prinzipiell gilt aber für alle Formen der künstlichen Strahlung, daß der menschliche Organismus in der kurzen Zeitspanne seit Einführung der Elektrizität kaum eine Möglichkeit hatte, sich auf diese Strahlungsform einzustellen, und daß er keine Schutz- oder Reparaturmechanismen entwickeln konnte. Erschwerend kommt hinzu, daß aufgrund der schnellen Technisierung und der vielen neuen Geräte im Alltag die Verbreitung und Intensität elektrischer und magnetischer Felder stark zunimmt. Diese Entwicklung

bringt auf jeden Fall eine zusätzliche Belastung für den menschlichen Organismus. *Deshalb sind alle Anstrengungen zu unternehmen, die künstliche elektromagnetische Strahlungsbelastung auf ein Minimum zu reduzieren.*

Grenzwerte

Um unseren Lebensbereich vor ungesunden Einflüssen zu schützen, werden Grenzwerte ermittelt und festgelegt. Diese Grenzwerte bzw. Vorschriften sind aber kritisch zu betrachten, da bei ihrer Festlegung nur in seltenen Fällen das Minimierungsgebot beachtet wurde. Meist wird das „ökonomisch Sinnvolle", nicht das „technisch Machbare" zum Richtwert erklärt. Richtwerte für die zulässige Belastung von Menschen mit elektrischen oder magnetischen Feldern sind von verschiedenen Interessenvertretern, Verbänden und Institutionen herausgegeben worden.

DIN-Grenzwerte

Die Grenzwerte nach DIN / VDE 0848 Teil 4 wurden geschaffen, um Lebewesen vor einem Elektrounfall zu schützen. Spätere Untersuchungen ergaben, daß es auch bei niedrigeren Werten zu einem negativen Einfluß auf die Gesundheit kommen kann.

Grenzwerte der World Health Organisation (WHO)

Auf diese Erkenntnisse hat die Weltgesundheitsorganisation (WHO) reagiert und Grenzwerte festgesetzt, um in Zukunft solche Risiken auf die Gesundheit zu vermeiden. Nachfolgende Untersuchungen, vor allem durch Baubiologen, haben aber aufge-

Grenzwerte für elektrische und magnetische Felder					
	Elektrisches Wechselfeld (bei 50 Hz) V/m	Magnetisches Wechselfeld (bei 50 Hz) µT	Hochfrequenz-Feld ungepulst µW/cm²	Elektrisches Gleichfeld Luftelektrizität V/m	Magnetisches Gleichfeld µT
DIN (VDE) für Bevölkerung	7.000	400	200 - 1.000	10.000	21.200
ICNIRP für die Zivilbevölkerung	5.000 b.16⅔ Hz: 10000	100 bei 16⅔ Hz: 300	200 - 2.000 GUS 1, USA 1.000		
DIN/VDE 0848 für Berufstätige/Tag	10.000 bis 20.000	500 bis 5.000	2.500 bis 10.000	40.000	67.900
Schwed. Bildschirmnorm					
– MPR2	25	0,25		500 V	
– TCO	10	0,20		500 V	
übliche Belastung in Wohnungen	20 - 500	0,1 - 0,5 USA in 25%: 0,2 in 5%: 0,45	0,1	500 bis 5000	1 bis 10
Empfehlung von Baubiologen	1 - 5	0,02 - 0,1	0,01 - 0,1	200 bis 1000	Abweichung nicht größer als 2 Grad
Meßwerte im Freien (BRD)	0	0	Sonne 0,00001 Erdoberfläche 0,06 - 0,08	20 - 200	45 - 50

1 kV/m = 1000 V/m ; 1 mT = 1000µT = 1.000.000 nT ; 0,001 mT = 1µT = 1.000 nT

Tabelle 3.2
Grenzwerte für elektrische und magnetische Felder. Diese Richtwert-Empfehlungen wurden vom Baubiologen Maes entwickelt. Das IBN, Kollegen, Fachärzte, Ingenieure und Wissenschaftler haben mitgeholfen. Die Empfehlungen werden von Baubiologen, Umweltanalytikern und Instituten in Deutschland und deutschsprachigen Ländern, den USA und englischsprachigen Ländern angewandt.
Quellen [1], [2], [4], [5]

zeigt, daß auch bei Meßwerten, die weit unter den WHO-Grenzwerten liegen, negative Einflüsse auf die Gesundheit auftraten.

Baubiologische Grenzwerte

Aufgrund dieser Untersuchungen wurden von engagierten Baubiologen neue Grenzwerte formuliert, die bedeutend niedriger sind. Besonders für den Schlafplatz des Menschen wird die Einhaltung der baubiologischen Grenzwerte gefordert.

Grenzwerte der Industrie

Die Industrie hat in den vergangenen Jahren ebenfalls auf die veränderten technischen Gegebenheiten und medizinischen Erkenntnisse reagiert. Die Hersteller von Bildschirmen haben für ihre Geräte ähnlich hohe Grenzwerte wie die Baubiologen festgesetzt. Insgesamt existieren heute unterschiedliche Grenzwerte, was eine klare Orientierung erschwert. Darüber hinaus muß zwischen elektrischen und magnetischen Feldern unterschieden werden, die getrennt, aber auch gemeinsam auftreten können. Tabelle 3.2 gibt einen Überblick über die Grenzwerte, Normen und Empfehlungen der verschiedenen Institutionen und Interessenvertretungen. Die Stärke des elektrischen Feldes wird in Volt/Meter (V/m) gemessen, die Flußdichte des magnetischen Feldes in Nanotesla (nT), das Hochfrequenzfeld in Mikrowatt pro cm^2 (mW/cm^2).

Die nach DIN/VDE zulässigen Werte für elektrische und magnetische Felder sind sehr hoch. Da die Kommission von der Elektroindustrie dominiert wird und nicht von den Konsumenten, sind sie als unbedenkliche Richtwerte unbrauchbar. Zu berücksichtigen ist, daß die Reaktionen des Organismus auf kleine Feldstärken, die lange einwirken, tiefgreifender sein können als bei größeren Feldstärken, die nur kurzzeitig auftreten, und daß es je nach Frequenz krasse Unterschiede in den Wirkungen gibt. Weiterhin müssen bei gleichzeitigem Auftreten von Feldern verschiedener Frequenz und Modulation sogenannte Synergieeffekte, d.h. sich gegenseitig verstärkende Wirkungen, angenommen werden. Wechselstrom und Hochfrequenz sind bezüglich der körperlichen Schädigung wesentlich problematischer einzustufen als Gleichstrom und Niederfrequenz.

Die ICNIRP (Internationale Strahlenschutzkommission für nichtionisierende Strahlung) setzt seit 1992 die Arbeit des internationalen Komitees für nichtionisierende Strahlen der internationalen Strahlenschutzassoziation (IRPA) fort; sie wird für die Grenzwertfestlegung als kompetente Organisation anerkannt. Sie empfiehlt als Vorsorgewert für magnetische Felder 100 Mikrotesla (μT). Dieser Wert liegt um das 1000-fache über der Empfehlung der Baubiologen. Anfang 1997 trat in Deutschland eine Verordnung in Kraft, die Belastungen durch elektromagnetische Felder für die Zivilbevölkerung verhindern soll. Die Bundesumweltministerin Frau Merkel hielt sich an die Grenzwertempfehlung der ICNIRP, die 1994 als europäische Vornorm veröffentlicht wurde. Diese Verordnung soll durch Vorgabe verbindlicher Maßstäbe die gebotenen Schutz- und Vorsorgemaßnahmen sicherstellen und zugleich zur Verfahrensvereinfachung und Investitionssicherheit in Infrastrukturbereichen beitragen. Die Verordnung bezieht sich auf spezielle, in diesem Zusammenhang wichtige Anlagentypen:

- Sendefunkanlagen,
- Hochspannungsleitungen,
- Erdkabel,
- Bahnstromleitungen,
- Transformatoren.

Da die Grenzwerte – wie oben gezeigt – sehr hoch angesetzt wurden, können die zuständigen Behörden bei der Errichtung oder Änderung von Stromversorgungsanlagen in der Nähe von Wohnungen, Krankenhäusern, Schulen, Kindergärten und ähnlichen Einrichtungen aus Vorsorgegründen im Einzelfall weitergehende Anforderungen stellen. Hier gibt es also einen Ermessensspielraum, der den Entscheidungsbehörden durch Bürgerinitiativen deutlich gemacht werden sollte.

Elektrisches Wechselfeld

Die üblichen Belastungen in den Wohnungen liegen im Durchschnitt höher als die Grenzwerte der Baubiologen und teilweise höher als die Grenzwerte, welche die Industrie für ihre eigenen Geräte vorgibt. Die Werte der DIN-Norm und der Weltgesundheitsorganisation hingegen werden in Wohnungen nie erreicht. Entweder sind diese

Tabelle 3.3
Baubiologische Richtwerte und Empfehlungen für die Belastung durch elektrische und magnetische Felder im Schlafbereich.
Quelle [5]

Baubiologische Richtwerte und Empfehlungen für die Belastung durch elektrische und magnetische Felder

	extreme Anomalie	starke Anomalie	schwache Anom.	keine Anomalie
Elektrisches Gleichfeld				
Oberflächenspannung	>1000 V	200 - 1000 V	50 - 200 V	< 50 V
Entladezeit	>60 s	10 - 60 s	1 - 10 s	<1 s
Luftelektrizität	>5000 V/m	1000 – 5000 V/m	200 - 1000 V/m	<200 V/m

DIN/VDE0848: Arbeitsplatz 40.000 V/m, Bevölkerung 10.000 V/m; MPR und TCO: 500 V/m; Elektronikschäden: 100 V/m; Natur: 20 V/m (im Wald) bis 200 V/m (freie Landschaft); Föhnklima: 500 - 5000 V/m; Gewitter: 2000 - 20.00 V/m

	extreme Anomalie	starke Anomalie	schwache Anom.	keine Anomalie
Magnetisches Gleichfeld				
Erdmagnetfeldstörung	>10.000 nT	1000 – 10.000 nT	200 – 1000 nT	< 200 nT
Kompaßnadelabweichung in Grad	>100°	10 - 100°	2 - 10°	<2°

DIN/VDE0848: Arbeitsplatz: 67.900.000 nT, Bevölkerung: 21.200.000 nT; USA/Österreich: 5.000.000 - 200.000.000 nT; Natur: (Erdmagnetfeld): BRD ca. 45.000 bis 50.000 nT; Magnetfeld Auge 0,0001 nT, Gehirn 0,001 nT, Herz 0,05 nT

	extreme Anomalie	starke Anomalie	schwache Anom.	keine Anomalie
Magnetisches Wechselfeld				
Flußdichte	> 500 nT	100 – 200 nT	20 - 100 nT	<20 nT

DIN/VDE0848: Arbeitsplatz: 5.000.000 nT, Bevölkerung: 400.000 nT; WHO /IRPA: 100.000 nT; MPR: 250 nt; TCO: 200 nT; Natur: 0 nT; Empfehlung kritischer Wissenschaftler: 100 nT; DIN /VDE0107 für medizinische Räume (EEG): 200 nT; Richtwert gilt für den Bereich um 50 Hz, höhere Frequenzen und starke Oberwellen werden kritischer bewertet!

	extreme Anomalie	starke Anomalie	schwache Anom.	keine Anomalie
Elektrisches Wechselfeld				
Feldstärke	>50 V/m	5 - 50 V/m	1 - 5 V/m	>1 V/m
Körperspannung	>1000 mV	100 – 1000 mV	10 - 100 mV	<10 mV

DIN / VDE 0848: Arbeit 20.000 V/m, Bevölkerung 7000 V/m; WHO und IRPA: 5000 V/m; MPR: 25 V/m; TCO: 10 V/m; Natur: 0 V/m/0 V/m; Herzschrittmacher:ca.1 mV; EKG: Ca. 0,05 mV; Nervenreizung(RWE): ab 15 mV. Richtwert gilt für den Bereich um 50 Herz, höhere Frequenzen und starke Oberwellen werden kritischer bewertet!

	extreme Anomalie	starke Anomalie	schwache Anom.	keine Anomalie
Elektromagnetische Wellen				
HF- Störpegel	> 100 mV	10 - 100 mV	2 - 10 mV	< 2 mV
Leistungsdichte	>1 μ W/cm^2	0,1 - 1 μW/cm^2	0,01 - 0,1 μW/cm^2	< 0,01 μW/cm^2
Feldstärke	> 2 V/m	0,5 - 2 V/m	0,1 - 0,5 V/m	< 0,1 V/m

DIN / VDE 0848: für Arbeitsplätze 2500 - 10.000 μW/cm^2, für Gesamtbevölkerung 200 - 1000 μW/cm^2 (je nach Frequenz); UDSSR /GUS: Arbeitsplätze 10 μW/cm^2, Gesamtbevölkerung 1 μW/cm^2; Ostblock: 100 μW/cm^2; USA: 1000 μW/cm^2 ; Natur: Sonnneneinstrahlung 0,00001 μW/cm^2, Oberfläche der Erde 0,06 - 0,08 μW/cm^2; Menschen etwa 0,08 μW/cm^2; Richtwert gilt für ungepulste HF-Felder, gepulste (D- und E- Netz- Mobilfunk, Radar) werden kritischer bewertet! Medizin-Physiker Dr. Lebrecht von Klitzing (Uni Lübeck): D-Netz verändert im EEG die Hirnströme bei 0,1 μW/cm^2.

	extreme Anomalie	starke Anomalie	schwache Anom.	keine Anomalie
Radioaktivität (γ - Strahlung)				
Strahlungserhöhung im Raum	> 100%	50 – 100%	30 - 50%	< 30%

Mittlere Umgebungsstrahlung: 0,085 Sv/a (100 nSv/h); Empfehlung BGA für Bevölkerung: 1,67 mSy/a (190 nSv/h)

	extreme Anomalie	starke Anomalie	schwache Anom.	keine Anomalie
Radongas				
Aktivität	>250 Bq/m^3	50 - 250 Bq/m^3	20 - 50 Bq/m^3	<20 Bq/m^3

Strahlenschutzkommission BRD: 250 Bq/m^3; EPA- Empfehlung (USA): 150 Bq/m^3; Empfehlung Schweden: 75 Bq/m^3

Die Richtwert-Empfehlungen beziehen sich auf baubiologische Messungen im Schlafbereich, auf dem Bett oder in unmittlbarer Bettumgebung, und somit auf das Langzeitrisiko der empfindlichen Schlaf- und Regenerationszeit des Menschen. Die Empfehlungen sind das Ergebnis zehnjähriger praktischer Meßfahrung des Baubiologen Maes nach 5000 Schlafplatzuntersuchungen auf Anordnung und unter der Kontrolle von 80 Ärzten und Heilpraktikern.

Keine Anomalie entspricht natürlichen Umweltmaßstäben oder dem oft anzutreffenden und nahezu unausweichlichen Mindestmaß zivilisatorischer Einflüsse.

Schwache Anomalie heißt: Im Sinne einer Vorsorge und mit Rücksicht auf empfindliche und kranke Menschen sollten langfristig Sanierungen durchgeführt werden, wann immer es geht.

Starke Anomalien sind aus baubiologischer Sicht nicht mehr zu akzeptieren. deshalb besteht Handlungsbedarf, und Sanierungen sollten nach Angabe zügig durchgeführt werden.

Extreme Anomalien bedürfen konsequenter und kurzfristiger Sanierung. Hier werden schon offizielle Grenzwerte für Arbeitsplätze erreicht oder überschritten.

Grenzwerte für die Gesundheitsbeeinträchtigungen viel zu hoch angesetzt oder die Räume müssen tatsächlich als völlig unbelastet gelten. Das Verhältnis zwischen den Grenzwerten der Weltgesundheitsorganisation und der Baubiologen liegt bei 1:1000.

Magnetisches Wechselfeld

Anders ist die Situation bei den Werten für das magnetische Wechselfeld. Die Grenzwerte in den Wohnungen werden in einem kleineren Maße überschritten als bei den elektrischen Feldern. Dies bedeutet, daß mit dem elektrischen Wechselfeld innerhalb der Wohnungen viel größere Probleme bestehen als mit dem magnetischen Wechselfeld. Die Grenzwerte der Weltgesundheitsorganisation sowie der DIN-Vorschrift werden beim magnetischen Wechselfeld kaum erreicht. Das Verhältnis zwischen den Grenzwerten der WHO und der Baubiologie ist auch hier 1:1.000.

Hochfrequenzfeld (HF)

Hier ist ein Vergleich insofern schwierig, weil die Grenzwerte der Hochfrequenz frequenzabhängig gestaltet sind. Die Meßwerte der Wohnungen überschreiten im Durchschnitt kaum die Grenzwerte der Baubiologen. Allerdings sollten für die Risikoabwägung die Grenzwerte der Industrie herangezogen werden, d.h. MPR2, MPR3 und TCO, also die schwedischen Normen für Bildschirmgeräte. Es ist auffallend, daß diese Grenzwerte im Laufe der Zeit immer niedriger angesetzt wurden. Daraus ist klar zu erkennen, daß die Hersteller von Bildschirmgeräten aufgrund von Untersuchungen das Risiko von Erkrankungen am Bildschirmarbeitsplatz vermindern wollen. Das Verhältnis zwischen den Grenzwerten der Weltgesundheitsorganisation und der Baubiologen beträgt hier 1:2.000.

Radongas / Radioaktivität

Die Bundesregierung rät bei einer Radonbelastung von über 250 Bq/m³ im Haus zur Sanierung. Die WHO dagegen stuft nur einen Wert von 0 Bq/m³ als frei von Belastungen ein, ein Meßwert von 70 Bq/m³ ist für die WHO bereits besorgniserregend. Als Sanierungsrichtwert der Baubiologen kann 50 Bq/m³ gelten, ein Fünftel des empfohlenen Sanierungsrichtwertes der Strahlenschutzkommission.

Baubiologische Richtwerte bzw. Empfehlungen

Die Baubiologen bemühen sich um die Gestaltung einer Wohnumgebung, die der Gesundheit der Menschen förderlich ist. In den 70er und 80er Jahren warnten sie vor bestimmten Holzschutzmitteln und vor Formaldehyd, was anfangs mißachtet, heute aber allgemein akzeptiert wird. Die Industrie hat daraufhin ihre Bauprodukte teilweise geändert, manche Produkte werden gar nicht mehr produziert. Was nun die Probleme und Gefahren der Elektrizität betrifft, waren die Baubiologen in den 90er Jahren in einer ähnlichen Situation. Aus diesem Grunde wurden Richtwertempfehlungen aufgestellt (u.a. der Baubiologe Maes in Zusammenarbeit mit dem Institut für Baubiologie in Neubeuern und anderen Fachleuten), die eine Orientierung im „Grenzwertdschungel" geben können. Die Richtwert-Empfehlungen beziehen sich auf baubiologische Messungen im Schlafbereich, sollten aber auf alle Orte angewendet werden, die der Regeneration des Menschen dienen. Die Grenzwerte in Tabelle 3.3 sind auch für die Selbstbeurteilung von Meßwerten geeignet und als Entscheidungshilfe bei Sanierungsmaßnahmen.

4. Die feldarme Elektroinstallation

Der Verbrauch elektrischer Energie in einem Drei-Personen-Haushalt betrug 1990 in Deutschland 4270 kWh pro Jahr. Gut 50% davon wurden allein für das Aufheizen von Wasser in Geschirrspülgeräten, Waschmaschinen und zum Baden genutzt.
Wird auf das Wassererwärmen mit Strom konsequent verzichtet, zum Kochen ein Gasherd eingesetzt, alle Haushaltsgeräte in einer modernen, stromsparenden Ausführung gewählt und auf verbrauchsintensive Geräte wie z.B. Wäschetrockner verzichtet, kann der Stromverbrauch ohne weiteres auf 1000 kWh pro Jahr (also um 75%) reduziert werden. Die Bedeutung dieses „trivialen" Planungshinweises wird verständlicher, wenn man bedenkt, daß eine „modern" eingerichtete Küche mit Waschmaschine, Trockner, Elektroherd, Grill und Geschirrspüler einen elektrischen Anschlußwert von 25 bis 35 kW hat - ebensoviel wie ein kleiner Schreinereibetrieb! Zu energiesparenden Haushaltsgeräten gibt es eine Vielzahl von Schriften und Verbraucherempfehlungen, beispielsweise gibt der Bund der Energieverbraucher ausführliche Informationen heraus, die immer wieder aktualisiert werden.

Mit einer feldarmen Elektroinstallation soll erreicht werden, daß die Grenzwerte für das elektrische und magnetische Wechselfeld und für das Hochfrequenzfeld im Wohn- und Schlafbereich nicht überschritten werden. Es gibt vier Möglichkeiten dieses Ziel zu erreichen:

- Nicht wirklich notwendige Elektrogeräte und Installationen vermeiden.
- Strom abschalten, vor allem im Bereich der Ruhezonen.
- Abstand halten von Geräten und Elektroleitungen.
- Abschirmen der Installation und der Geräte.

Es ist vorteilhaft, bei allen Maßnahmen zur Minderung elektrischer und magnetischer Felder in der genannten Reihenfolge vorzugehen. Abschalten ist auf jeden Fall wirksamer und unproblematischer als eine Abschirmmaßnahme. Denn wenn keine Spannung vorhanden ist und kein Strom fließt, dann gibt es kein elektrisches und auch kein magnetisches Feld.

4.1
Anteile einzelner Geräte bzw. Gerätegruppen am Stromverbrauch im modernen Haushalt. Ein moderner Haushalt nutzt Strom nur da, wo es sinnvoll ist. Dadurch läßt sich der Verbrauch auf rund 1000 kWh/a entsprechend ein Drittel bis Viertel des Verbrauchs eines vollelektrischen Haushalts (4000 kWh) senken. Quelle [10]

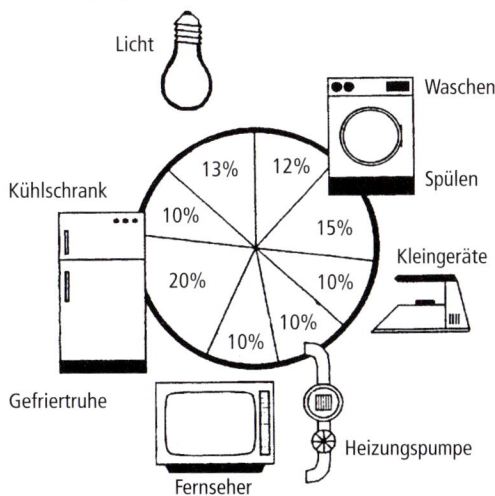

Der Wohnungscheck

Ein bestehendes Haus oder eine Wohnung darin ist selten nach den Kriterien einer feldarmen Elektroinstallation geplant. Trotzdem ist in den meisten Fällen eine positive Veränderung ohne große Investitionen möglich. Voraussetzung dafür ist in jedem Fall eine vollständige Bestandsaufnahme der Elektroinstallation sowie eine Erfassung der dadurch verursachten Störungen.

Um eine genaue Vorstellung von der Elektrifizierung unseres Wohnumfeldes zu bekommen, ist es hilfreich, den Haus- oder Wohnungsgrundriß aufzuzeichnen und Zimmer für Zimmer alle Elektrogeräte, Beleuchtungskörper und Schalter in folgender Reihe einzutragen:

- Lichtschalter
- Steckdosen, Lampenauslässe
- Anschlusskabel, Verlängerungskabel mit Steckdosenleisten von Geräten oder Lampen
- Niedervoltleitungen (Halogensystem)
- Elektrogeräte (mit Namen bezeichnen)
- außerdem große Metallgegenstände (z.B. Federkernmatratze).

Da die Kabel, welche Lichtschalter, Steckdosen und Lampenauslässe verbinden, nur selten auf Putz verlegt sind, sondern unter dem Putz oder auch im Fußboden, müssen sie ggf. mit Leitungsdetektoren aufgespürt werden. Manchmal kann auch der Elektroinstallateur weiterhelfen, da die Verlegetrassen für Leitungen genormt sind.

Ebenso ist die Leitung, die vom Hausanschlusskasten zum Verteilerkasten der Geschosse oder der Wohnung führt, einzutragen bzw. die Verbindung von der Steigleitung im Treppenhaus zum Wohnungsverteilerkasten. Bei gemeinsamen Wänden mit einer Nachbarwohnung gilt es in Erfahrung zu bringen, wie die benachbarten Räume benutzt werden und welche Geräte dort aufgestellt sind. Dies ist deshalb so wichtig, da – wie wir in den vorherigen Kapiteln erfahren haben –

die magnetischen und Hochfrequenzfelder auch von dicken Wänden nicht abgeschirmt werden können.

Diejenigen Kabel, die offen verlegt sind, sollten rot, die unter Putz und im Estrich verlegten gelb gezeichnet werden. Ebenso werden alle Geräte farbig markiert.

Diese Zeichnung ist die Basis für alle weiteren Maßnahmen. Dabei ist zwischen einem Altbau und einem Neubau zu unterscheiden. Bei einem Altbau sind viele Dinge bereits vorgegeben, die kaum veränderbar sind, so daß wir uns in solchen Fällen fragen müssen: Wo können wir Abstand halten bzw. wo müssen wir abschirmen?

Um möglicherweise vorhandene Störungen durch die Elektroinstallation aufzuspüren und zu beseitigen, sind folgende Schritte zu unternehmen:

a

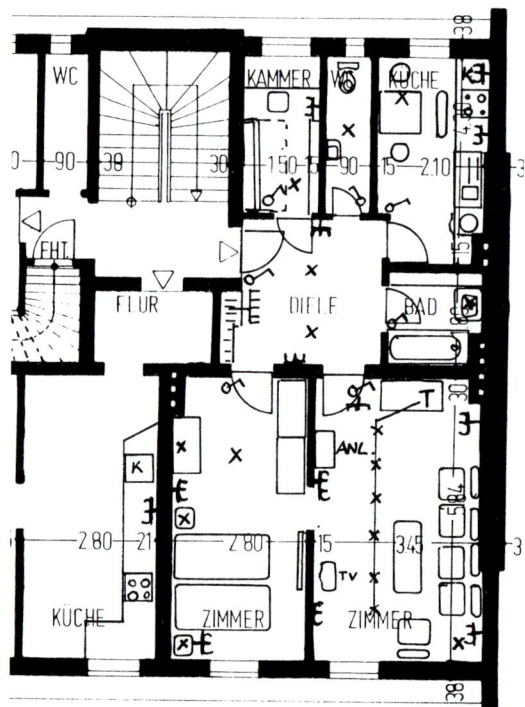

- Messung der Intensitäten des elektrischen und magnetischen Wechselfeldes und der HF-Strahlung,
- Ortung der Verursacher und
- Ausarbeitung von Sanierungsmaßnahmen.

Diese Arbeit wird von einem ausgebildeten Meßtechniker übernommen (Anschriften siehe Anhang 8). Zur Beseitigung von Störungen kommen hauptsächlich folgende Maßnahmen in Betracht:

- Entfernen von Elektrogeräten und Kabeln aus der Umgebung der Schlafplätze und Ruhezonen,
- Verlegung des Schlafplatzes in ungestörte Bereiche
- Abschalten von störenden Stromkreisen, z.B. durch Einbau eines Netzfreischalters,
- Abschirmen von Geräten, Leitungen usw.

Beispiel Altbau

In Abb. 4.2 ist als Beispiel der Plan für eine Altbau-Etagenwohnung, Baujahr 1906, wiedergegeben. Die Wände im Altbau sind in der Regel noch relativ sparsam mit Installationen belegt. Stark elektrifiziert ist nur die Küche. Der Verteilerkasten liegt günstig direkt neben der Steigleitung im Treppenhaus, so daß sich hier kurze Leitungswege ergeben. Garderobe und Diele sind keine dauerbenutzten Räume.

Problematisch ist die Wohnungstrennwand zur Nachbarwohnung, da dort die Küche mit Elektroherd und dem Dauerverbraucher Kühlschrank an der Wand liegt, an der auch die Schlafzimmerbetten stehen. Der Fernseher belastet mit seiner rückwärtigen Abstrahlung ebenfalls das Schlafzimmer.

b

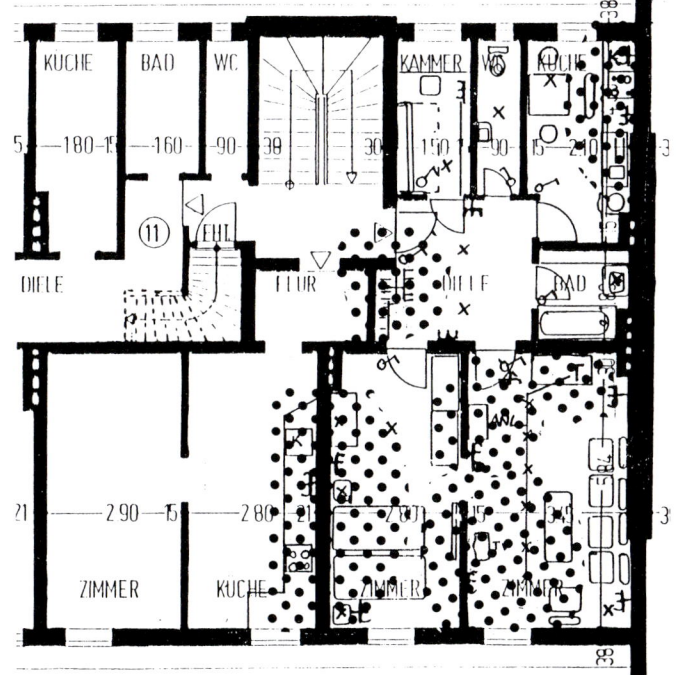

♂ Ein-Ausschalter
× Decken-Wandleuchte
Halogenstrahler
T= Transformator
Doppelsteckdose
Leuchtstoffröhre
K Kühlschrank
TV Fernseher
AM Stereoanlage
•.• Belastete Flächen

4.2
Bestehende Elektroinstallation in einer Altbauwohnung (a), Baujahr 1906, und daraus resultierende Belastungszonen (b).

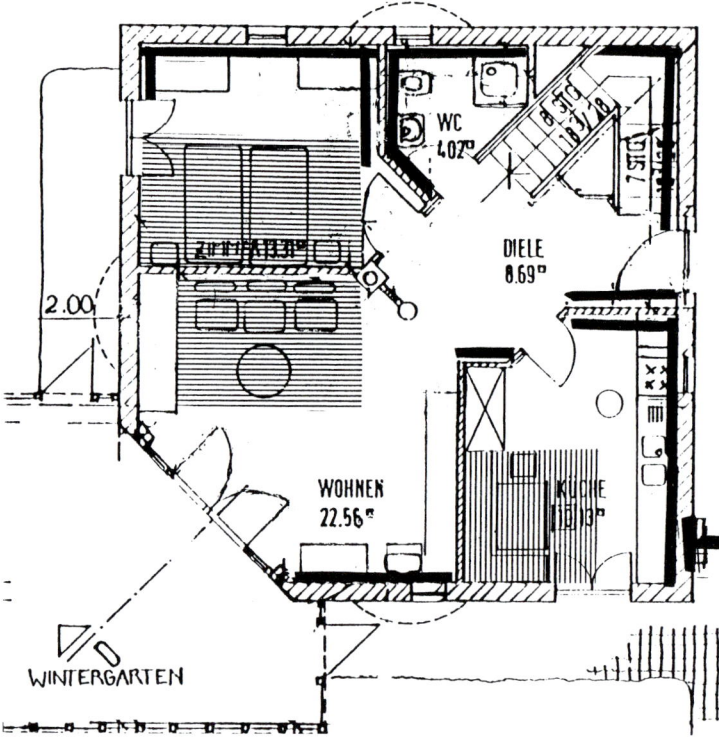

4.3
Die Einrichtung dieses neuen Einfamilienhauses wurde so geplant, daß die Ruhezonen im Wohnbereich einen großen Abstand zu den elektrischen Versorgungsleitungen aufweisen.

Unnötig ist die Belastung durch die Trafos für die Halogenbeleuchtung in Flur und Wohnzimmer. Der Hochfrquenz-Trafo im Flur belastet den Schlafplatz des Kinderzimmers.

Beispiel Neubau

Bei der Neubauplanung können wir dagegen mit dem Architekten bzw. dem Elektroinstallateur schon im Planungsstadium diejenigen Ruhezonen festlegen, die von unerwünschten Feldern frei zu halten sind. Dabei ist vor allem die Kreativität des Architekten und Elektroinstallateurs gefordert. Das zweigeschossige Einfamilienhaus in Abb. 4.3, Baujahr 1994, hat keinen Keller. Der Hauptanschlusskasten liegt an der Außenwand neben der Küche. Von dort führt das Kabel im Gang zwischen Haus und Garage zum Verteilerkasten im Hausinstallations-raum. Dieser liegt weit weg von den Aufenthaltsräumen. Über eine Installationstrasse auf der Höhe der Decke zwischen dem Erdgeschoss und dem Obergeschoss führen die Kabel ins Haus und werden von dort über die Diele in die einzelnen Räume verteilt.

Bei der Küche im Erdgeschoß – sie ist nach Südosten orientiert – liegt die Installationszeile an der Außenwand. Auf der gegenüberliegenden Seite des Raumes im hinreichenden Abstand befindet sich der Eßplatz. Der große Wohnraum ist direkt nach Süden orientiert, wobei die Sitzgruppe an der Innenwand aufgestellt wurde, an der sich im Nebenzimmer ein Schlafplatz befindet. Für die Stereoanlage und den Fernseher kam nur der Platz an der Südseite neben dem Fensterband – gegenüber der Sitzgruppe – in Frage. Wird das Nordwestzimmer als Schlafraum genutzt, kann dort an der Innenwand ein Bett aufgestellt werden.

4.1 Maßnahmen bei der Planung

Vermeiden

In der klassischen Berghütte mit Kerzen- oder Petroleumlicht und Holzofen ist eine elektrische Stromversorgung nicht notwendig. Alle Arbeiten werden mit der Hand verrichtet: Holzhacken, Waschen, Melken und Buttern; die Arbeit findet mit dem Untergang der Sonne ihr Ende. Ähnliches gilt für das Ferienhaus am Mittelmeer, in dem mit Gas gekocht wird und eine oder mehrere Vergaserlampen („Petromax"), mit Petroleum betrieben, gleißend helles Licht spenden. So ein Leben – frei von elektrischen und magnetischen Feldern – können die meisten von uns nur im Urlaub genießen.

Für das moderne Alltagsleben in unseren Häusern und Wohnungen „benötigen" wir eine umfangreiche technische Ausstattung. Hier lassen sich die daraus entstehenden physiologischen Belastungen zuvorderst dadurch reduzieren bzw. vermeiden, indem wir unseren täglichen Umgang mit dem hochwertigen und leicht verfügbaren Energieträger Strom kritisch überprüfen. Die Fragen lauten: Welche der vorhandenen oder gewünschten Elektrogeräte sind unbedingt nötig? Und können wir auf die anderen Geräte und den Komfort, den sie repräsentieren, verzichten?

Wird der häusliche und berufliche „Maschinenbestand" klein gehalten, ist beim Neubau oder Umbau auch keine aufwendige Elektroinstallation nötig, was wiederum eine geringere Feldbelastung zur Folge hat.

Abschalten

Durch Abschalten von Zuleitungen und Teilen des Leitungsnetzes können die elektrischen und magnetischen Felder in den Räumen verringert bzw. beseitigt werden. Indem wir nach der Benutzung eines elektrischen Gerätes den Stecker aus der Steckdose ziehen, werden das Gerät und das Anschlußkabel auf einfache Art spannungs- und feldfrei. Die Elektroleitungen bis zur Steckdose führen jedoch weiterhin Spannung. So wie sich bei Arbeiten an der Elektroinstallation die Leitungen durch Abschalten der Sicherung im Verteilerkasten spannungsfrei schalten lassen, können auch Aufenthaltsräume und Schlafzimmer abends „feldfrei" gemacht werden – durch Abschalten von Teilen des Leitungsnetzes. Da das Abschalten oder Herausdrehen der Sicherung eine zwar billige, aber zeitaufwendige Methode ist, gibt es Geräte, die diesen Vorgang automatisieren: den Netzfreischalter.

Netzfreischalter (NF-Schalter)

Der Netzfreischalter ist ein elektronisch gesteuerter Leistungsschalter für den Niederspannungsbereich (230 bis 400 V, 50 Hz), der im Sicherungs- oder Verteilerkasten untergebracht wird; er schaltet die Spannung

4.4
Netzfreischalter, eingebaut in einen Elektroverteilerkasten (rechts neben der Sicherung).

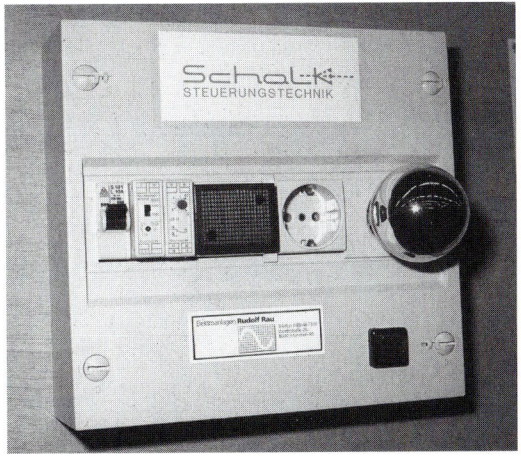

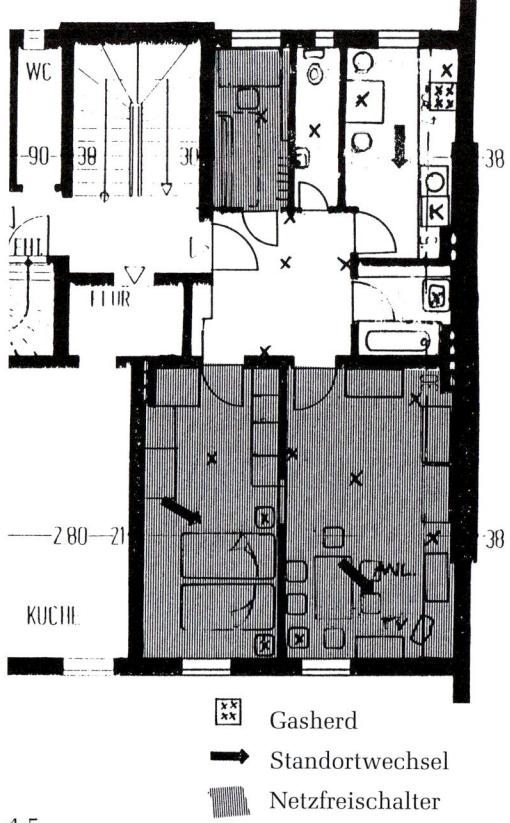

Gasherd	
Standortwechsel	
Netzfreischalter	

4.5
Beispiel Altbauwohnung: Zonen für Netzfreischalter.

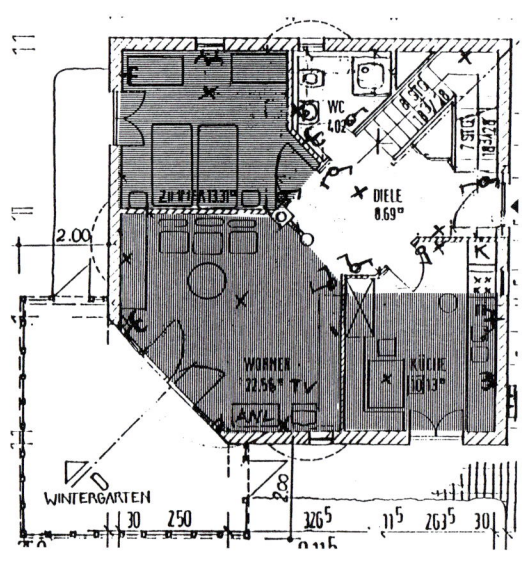

für einen Stromkreis automatisch ab, sobald in diesem Kreis kein Strom fließt, also kein Verbraucher eingeschaltet ist. Nach dem Abschalten der Netzspannung wird eine Prüf-Gleichspannung von 2,5 bis 24 Volt (je nach Fabrikat) auf das Leitungsnetz gelegt; sobald durch Einschalten eines elektrischen Gerätes ein (Gleich-) Strom fließt und dieser eine am Freischalter einstellbare Schwelle übersteigt, gibt der Netzfreischalter einen Schaltimpuls und legt wieder die Netzspannung (230 Volt) auf die Leitung. Das elektrische und magnetische Feld, das durch die Prüfspannung entsteht, ist vernachlässigbar gering und für den Menschen ungefährlich. Damit der Freischalter ansprechen kann, dürfen in dem betreffenden Stromkreis keine Dauerverbraucher, z.B. Radiowecker, Antennenverstärker o.ä., betrieben werden. Nun wäre es sehr aufwendig, jeden Raum mit einem eigenen Stromkreis und einem Netzfreischalter auszurüsten. Daher werden Räume mit gleicher Nutzung jeweils zu einem Stromkreis zusammengefaßt, z.B. die Schlafräume, die Wohn- und Eßräume, sowie Küche und Arbeitsräume. Es erscheint vertretbar, wenn es bei diesem Konzept zu kurzzeitigen Belastungen in einzelnen Räumen kommt, z.B. wenn die Eltern abends im Bett noch eine halbe Stunde lesen und durch die zusammenhängende Installation im Kinderzimmer elektrische Felder vorhanden sind.
Werden nicht alle Räume freigeschaltet, ist darauf zu achten, daß die Rückseite der Wände, die an Ruhezonen grenzen, von Elektroinstallationen oder Elektrogeräten frei sind. Zur Erinnerung: Massive Wände wirken auf elektrische Felder (E-Felder) ab-

4.6
Beispiel des neugebauten Einfamilienhauses: Zonen, in denen der Netzfreischalter wirkt.

schirmend, nicht aber auf magnetische Felder (H-Felder). Die Zeichnungen in Abb. 4.5 und 4.6 zeigen anhand der oben erwähnten Beispiele die Möglichkeiten der Stromfreischaltung auf.

Für die Altbauwohnung (Abb, 4.5) ergeben sich notwendigerweise zwei Zonen. Freigeschaltet werden das Kinderzimmer, das Schlafzimmer und das Wohnzimmer. Das Kinderzimmer sollte einen eigenen Netzfreischalter erhalten, damit es zeitlich unabhängig von dem Elternschlafzimmer und dem Wohnzimmer spannungsfrei gemacht werden kann. Die Dauerverbraucher (Fernseher, Video usw.) im Wohnzimmer müssen über ein abgeschirmtes Kabel angeschlossen werden und dürfen nicht über den Netzfreischalter versorgt werden.

Bei dem Neubau (Abb. 4.6) wurden der Schlafraum und das Wohnzimmer als Freischaltzonen vorgesehen. Da beide Räume zeitgleich benutzt werden, ist ein einziger Netzfreischalter für das Erdgeschoss ausreichend. Dauerverbraucher wie Kühlschrank oder Fernseher (manche Ausschalter schalten nur auf Stand-by-Betrieb) werden über eine abgeschirmte Leitung mit Strom versorgt.

Stille Verbraucher

Die Funktion des Netzfreischalters kann durch eine Kontrolleuchte überwacht werden, z.B. durch eine Glimmlampe, die in die Steckdose des überwachten Raumes bzw. des Stromkreises gesteckt wird und so lange leuchtet, bis der letzte Verbraucher ausgeschaltet ist. Bei der Suche nach den letzten „stillen Verbrauchern" wird man unter Umständen so auf manchen unerkannten Dauerstromverbraucher aufmerksam.

- Der Radiowecker verbraucht auch dann Strom, wenn das Radio nicht eingeschaltet ist. Er kann durch einen von Hand aufziehbaren oder batteriebetriebenen Wecker ersetzt werden.

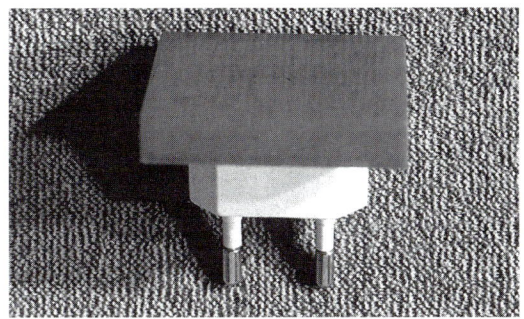

4.7
Glimmlampe zur Überwachung des Stromnetzes.

- Dauerverbraucher wie Antennenverstärker, Notleuchten, eine Telefonanlage u.ä. müssen aus dem freizuschaltenden Stromkreis entfernt und an einen anderen Stromkreis angeschlossen werden.
- Viele elektronische Geräte mit geringer Anschlußleistung, z.B. Stereoanlagen, haben Transformatoren eingebaut, wobei die Stromversorgung für das Gerät häufig auf der Sekundärseite des Trafos ein- und ausgeschaltet wird. Der Transformator bleibt dadurch auch in ausgeschaltetem Zustand am Netz. Dies sorgt nicht nur für eine höhere Stromrechnung, auch der Netzfreischalter schaltet nicht ab. Abhilfe schafft hier beispielsweise eine schaltbare Steckdosenleiste, über die alle Geräte gleichzeitig vollständig abschaltet werden können.
- Verbraucher mit „Standby-Betrieb" (z.B. Anrufbeantworter, Videorcorder usw.) verbrauchen so viel Strom, daß der Netzfreischalter nicht ansprechen kann. Sie müssen aus dem freizuschaltenden Stromkreis entfernt werden.
- Transformatoren von Niedervolt-Halogenstrahlern sind ebenfalls Dauerstromverbraucher, wenn der Ein-Aus-Schalter bzw. Dimmer hinter dem Trafo eingebaut ist. Abhilfe schafft ein Netzschalter auf der Primärseite.

Unentbehrliche Dauerverbraucher sind über eigene Stromkreise zu versorgen, die nicht freigeschaltet werden. Dazu zählen Kühlschrank, Tiefkühltruhe, Heizungspumpen, Heizungsbrenner, Radiowecker, Antennenverstärker, Telefonanlage, Anrufbeantworter, ebenso alle Geräte mit Stand-by-Schaltung wie Fernseher oder Radioanlagen. Weil entlang der stromführenden Leitungen dauernd elektrische und magnetische Wechselfelder bestehen, muß dafür gesorgt werden, daß diese Geräte nebst Zuleitungen einen Mindestabstand von 2 m zu den Ruhezonen haben. Anderenfalls müssen die Zuleitungen abgeschirmt werden (siehe Kapitel: Abschirmung). Ob sich auch die angeschlossenen Geräte in die Abschirmung einbeziehen lassen, muß von Fall zu Fall geprüft werden.

4.8
Netzfreischalter als Zwischenstecker zur Spannungsfreischaltung von nicht festinstallierten Verbrauchern (Fa.Doepke Schaltgeräte, 26506 Norden).   Quelle: [32]

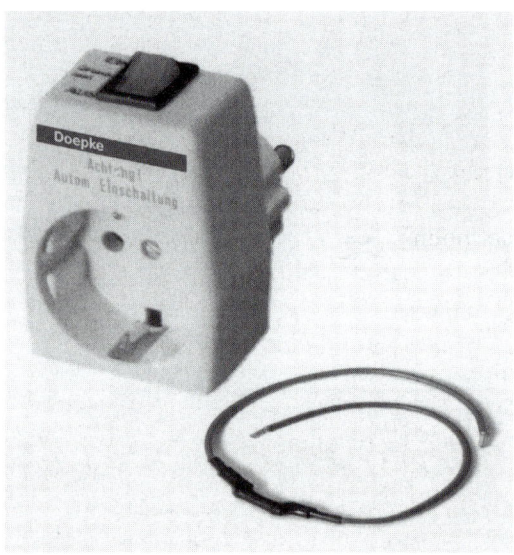

Besonderheiten des Netzfreischalters

Nicht alle Geräte lassen sich in Stromkreisen mit Netzfreischalter ungestört betreiben. Bei Geräten, die nur mit Wechselspannung betrieben werden können oder die im Moment des Einschaltens nur einen sehr geringen Strom aufnehmen, löst der Netzfreischalter nicht aus. Das ist insbesondere der Fall bei:

- Kleinverbrauchern, die über Vorschaltrelais oder Transformatoren betrieben werden, wie z.B. die Haustürklingel.
- Leuchtstofflampen mit Glimmstartern oder elektronischen Vorschaltgeräten (EVG).
- Geräten, die mit Steuerungen zur Leistungsregelung betrieben werden, z.B. Heimwerkermaschinen mit elektronischer Drehzahlregelung, Staubsauger mit elektronischer Saugkraftregelung, Lampen mit Dimmer.

Diese Geräte können mit einigen „Tricks" trotzdem betrieben werden:

- Zusätzlich zu den oben beschriebenen Geräten wird ein normaler Verbraucher, z.B. eine Glühlampe, eingeschaltet, so daß der Netzfreischalter die Netzspannung freigibt.
- Ein Zwischenstecker mit sogenannter eingebauter Grundlast (Widerstand) wird vorher in die Steckdose gesteckt.
- Ein sogenannter Hilfsverbraucher (PTC-Widerstand) kann in das betreffende Gerät eingebaut werden, z. B. bei Leuchtstofflampen mit elektronischem EVG oder bei gedimmten Lampen.
- Seit 1997 sind Netzfreischalter erhältlich, bei denen der Auslösestrom genau eingestellt werden kann, so daß der Schalter auch bei einem geringen Anfangsverbrauch (Geräte mit Anlaufstrombegrenzung) reagiert.

Stromprüfung und kapazitive Kopplung

Besondere Vorsicht ist bei Arbeiten an der Elektro-Installation angebracht, wenn ein Netzfreischalter eingebaut ist. Denn der Netzfreischalter gewährleistet, wenn er das Leitungsnetz freigeschaltet hat, *nicht* die sichere Trennung von der Spannungsversorgung. Zwar zeigt der in der Praxis übliche Spannungsprüfer mit Glimmlampe „keine Spannung" an, da die Prüfspannung zu gering ist, um das Lämpchen zum Glimmen zu bringen. Beim Berühren der Leitung durch den Menschen kann der Strom, der durch den Widerstand des menschlichen Körpers abfließt, jedoch ausreichen, um den Netzfreischalter auszulösen und die lebensgefährliche Netzspannung wieder auf das Leitungsnetz zu schalten. Aus diesem Grunde sind die Stromkreisverteiler mit einem auffälligen Hinweis auf den installierten Netzfreischalter zu kennzeichnen.

Werden freigeschaltete Kabel, also spannungsfreie Leitungen, neben spannungsführenden Leitungen verlegt, kann durch kapazitative Kopplung Wechselspannung auf die freigeschaltete Leitung übertragen werden. Damit wird auch in den freigeschalteten Leitungen ein elektrisches Feld erzeugt. Ein einpoliger Netzfreischalter kann dieses ungünstige Phänomen verhindern. Dieses Problem besteht vor allem bei Etagenwohnungen. Sollten sich nach dem Einbau eines Netzfreischalters noch immer elektrische Felder messen lassen, muß hier zusätzlich eine Abschirmung vorgesehen werden.

Abstand halten

„Abstand halten" von problematischen elektrischen bzw. magnetischen Feldern können wir ein Stück weit schon dadurch, indem Zahl und Länge der Leitungen auf das notwendige Minimum beschränkt werden. Im Haus oder in der Wohnung sind insbesonde-

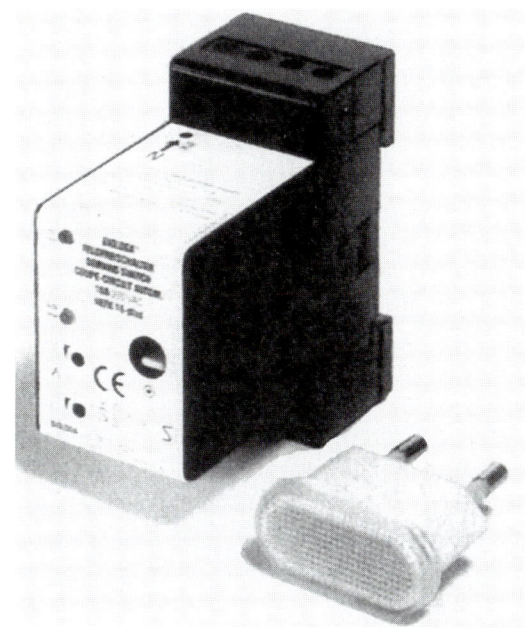

4.9
Wo eine Netzfreischalter installiert wird, sollte im Schaltkasten ein entsprechender Warnhinweis angebracht werden.

> *Achtung!*
> *Dieser Stromkreis wird durch einen Freischaltautomaten (Netzfreischalter) ab ca. 15 mA Belastung automatisch eingeschaltet! Ihr Elektroinstallateur ist:*

re diejenigen Wände und Flächen von Elektroinstallationen freizuhalten, an denen sich die Ruheplätze, z.B. Betten, Sitzecken etc. befinden.

Die Maßnahme „Abstand halten" ist sehr wirksam, da massive Bauteile das elektrische Wechselfeld ausreichend abschirmen und weil das magnetische Wechselfeld mit wachsender Entfernung zum Verursacher stark abnimmt. Nach den bisherigen Erfahrungen ist bei Unterputzleitungen ein Abstand von 2 Metern ausreichend. Anhand der Pläne in Abb. 4.10 und 4.3 werden im

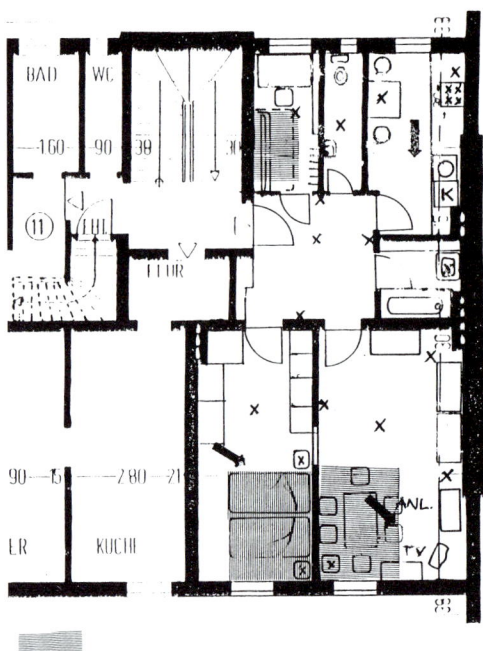

belastungsfreie Ruhezonen

4.10
Abstandhalten durch veränderte Möblierung
in der Altbauwohnung.

folgenden die Maßnahmen des „Abstandhaltens" für eine Altbau-Geschoßwohnung und
für ein Einfamilienhaus beispielhaft näher
erläutert.

In der Altbauwohnung (Abb. 4.10) kann die
Belastung durch die Nachbarwohnung nur
vermieden werden, wenn die Möbel im
Schlafzimmer umgestellt werden. Das Bett
wird an die Innenwand der eigenen Wohnung gerückt, der Fernseher und die Sitzgruppe im Wohnzimmer müssen zu diesem
Zweck ebenfalls neu positioniert werden.
Innerhalb der Ruhezonen (graue Bereiche)
sollten keine Dauerverbraucher (Radiowekker) oder elektrische Anlagen (Lautsprecher,
Radio) betrieben werden. In der Küche wird
der Elektroherd in der unmittelbaren Nähe
des Eßplatzes durch einen Gasherd ersetzt.

Beim Neubau werden bei der Planung Installationszonen (Abb. 4.3) festgelegt, an denen die Elektroinstallation zusammengefaßt
ist: die Lage solcher Installationswände bzw.
-zonen ist in der Küche und im Bad durch
die Einrichtung bzw. Ausstattung festgelegt,
in den Wohnräumen wird man Außen- und
Regalwände dafür vorsehen. Ziel dieser Installationszonen ist, die Ruhezonen und
ihre unmittelbare Umgebung (graue Bereiche) von jeglicher Elektroinstallation freizuhalten. So liegen im Beispiel die Ruhezone
des Schlafzimmers und des Wohnzimmers
nebeneinander. Der Sitzplatz in der Küche
befindet sich ebenfalls in ausreichendem
Abstand zu allen Dauerverbrauchern.

„Abstand halten" ist ein sehr kostengünstiger Weg zu einer feldarmen Elektroinstallation, da mit üblichem Installationsmaterial
gearbeitet werden kann. Ob sich die Bedürfnisse der Benutzer mit dieser Maßnahme
hinreichend befriedigen lassen, ist im Planungsstadium gründlich abzuklären. Denn
Sechsfach-Steckdosenleisten mit 10 Meter-
Verlängerungskabel, die nachträglich quer
durch die Räume verlegt und zu Stolperfallen werden, verderben die gute Absicht. Sofern Verlängerungs- und Anschlußkabel notwendig sind, sollten sie unbedingt in abgeschirmter Ausführung verlegt werden, damit die Wirksamkeit des Schutzes durch
„Abstand halten" aufrechterhalten bleibt.
Deckenleuchten sollten nicht zu nahe an die
Ruhezonen herangeführt werden. Kurzzeitig
genutzte Stehlampen oder Geräte, die ein
Verlängerungskabel benötigen, können
durch Herausziehen des Steckers vollständig vom Netz getrennt werden.

Abschirmung

Ist es nicht möglich, die baubiologischen
Grenzwerte mit einer der drei Maßnahmen
„Vermeiden", „Abschalten", „Abstand halten" einzuhalten, bleibt als Ausweg die Ab-

schirmung. Eine Abschirmung kann jedoch nur das elektrische Feld mindern bzw. beseitigen, das magnetische Feld läßt sich aus physikalischen Gründen nicht abschirmen. Da ein Magnetfeld aber nur entsteht, wenn Strom fließt, also wenn ein Verbraucher eingeschaltet ist, macht die Abschirmung des elektrischen Feldes bei allen spannungsführenden Kabeln, Installationen und Geräten durchaus Sinn. In die Abschirmung einzubeziehen sind die Steckdosenstromkreise und die Leitungsteile der Lichtstromkreise bis zum Wandschalter. Außerdem ist bei beweglichen Geräten eine Abschirmung der flexiblen Anschlußkabel vom Stecker bis zum Ein-Aus-Schalter angebracht.

Abgeschirmte Kabel und Installationsdosen

Für die Installation werden abgeschirmte Leitungen verwendet, bei denen die spannungsführenden Adern ein Netz aus Kupferdraht oder eine Metallfolie umgibt. Entsprechend kommen für die Abzweig-, Verteiler- und Enddosen ebenfalls Sonderausführungen mit außenliegender Abschirmung zum Einsatz. Die Abschirmungen der Leitungen und Dosen werden miteinander parallel zum Schutzleiter verbunden (z.B. durch den Beidraht) und sind im Zähler- bzw. Verteilerkasten an den Schutzleiter bzw. an die Potentialerde anzuschließen.

Sind Verteiler- oder Abzweigdosen nicht in abgeschirmter Ausführung erhältlich, können auch Standarddosen außen mit einer graphithaltigen Abschirmfarbe gestrichen und mit einer Klemmverbindung für den Anschluß der Abschirmung versehen werden. Zur lückenlosen Ausführung der Abschirmung empfiehlt sich auch für die flexiblen Anschlußleitungen der Geräte abgeschirmtes Kabel zu verwenden.

Das magnetische Wechselfeld kann durch spezielle Kabel ebenfalls reduziert werden:

Wenn Hin- und Rückleitung innerhalb des Kabels verdrillt sind, hebt sich das resultierende Magnetfeld der beiden Leitungen weitgehend auf.

Leitungen in Decken und Fußböden

Problematisch sind oftmals die horizontal verlegten Leitungen in der Decke oder auf der Rohdecke unter dem Fußboden, da die von diesen Kabeln ausgehenden Felder in die darunter- oder darüberliegenden Räume wirken. Aus diesem Grunde sollten in Ruhezonen für die an der Decke zu verlegenden Leitungen abgeschirmte Kabel gewählt werden.

Bei der Ausführung der Elektroinstallation ist ferner darauf zu achten, daß die Leitungen von der Hauptverteilung ausgehend sternförmig in die einzelnen Räume geführt werden, d.h. vom Hauptstrang im Flur gehen Stichleitungen in die einzelnen Räume ab. Die Kabel werden dabei entlang der Wände und nicht an Boden oder Decke quer durch den Raum verlegt.

Sollen in Räumen, die mit einem Netzfreischalter ausgestattet sind, Dauerverbraucher betrieben werden, so ist für diese - wie schon erwähnt - ein separater Stromkreis vorzusehen, ausgerüstet mit abgeschirmten Leitungen und Steckdosen. Dieser Stromkreis wird nicht über den Netzfreischalter geschaltet, er führt also dauernd Spannung.

4.11
Abgeschirmtes Kabel. Quelle [7]

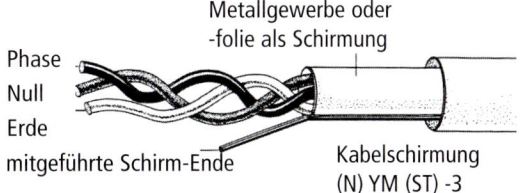

Phase
Null
Erde
mitgeführte Schirm-Ende

Metallgewerbe oder -folie als Schirmung

Kabelschirmung
(N) YM (ST) -3

Zu bedenken ist, daß die angeschlossenen Geräte den Raum unter Umständen stärker belasten als die Versorgungsleitung, die dort hinführt.

Nachbarwohnung und Altbau

Während die Installation in den eigenen Wänden im Hinblick auf Abstandhalten und Abschirmen gut kontrolliert und strahlungsarm ausgeführt werden kann, ist dies bei Wohnungstrennwänden, Fußböden oder Decken nicht immer möglich. Vor allem bei mehrgeschossigen Gebäuden mit mehreren Wohnungen kann man nur selten Einfluß darauf nehmen, wie die Installation in den anderen Wohnungen ausgeführt wird. Probleme bereiten sowohl die Leitungen zu den Lampenauslässen in der Decke, die elektrische und magnetische Felder durch die Decke hindurch in die darüberliegenden Räume abgeben, als auch die auf der Rohdecke verlegten Leitungen zu den Steckdosen und Wandschaltern, die in die darunterliegenden Räume abstrahlen.

Besonders schwierig ist die Situation im Altbau, da sich an der bestehenden Installation nicht einfach etwas ändern läßt. In diesem Fall bleibt als begrenzt wirksame Lösung nur, die Anschlußkabel aller benötigten Geräte mit flexiblen abgeschirmten Ka-

4.12
Auf einer Holzdecke verlegte Anschlußleitung.

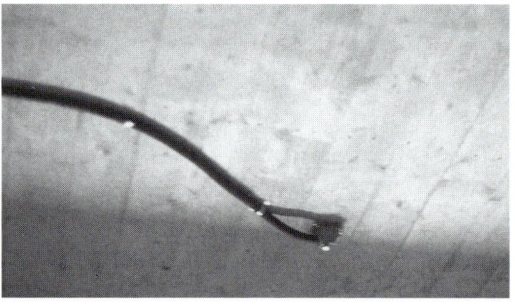

beln anzuschließen, um wenigstens die Abstrahlung elektrischer Felder durch diese Geräte so weit wie möglich zu reduzieren.

Abschirmfarbe und Abschirmputz

Ist die Ursache der Feldbelastung die Nachbarwohnung oder erscheint wie z.B. im Altbau die Abschirmung der Leitungen zu aufwendig, so besteht die Möglichkeit, einen abschirmenden Anstrich oder Putz auf die Wand, Decke oder den Estrich aufzubringen. Die Wirkung der *Abschirmfarbe* beruht auf der Beimischung von elektrisch leitfähigem Graphitstaub zu dem Bindemittel. Dieser schwarze oder graue Anstrich kann mit einer üblichen Wandfarbe überstrichen werden. Der Abschirmanstrich reduziert einzig und allein das elektrische Wechselfeld, das magnetische Wechselfeld wird hingegen nicht beeinflußt.

Seit 1996 gibt es einen *mineralischen Putz* (Firma Knauf), der ebenfalls abschirmend wirkt. Die Wirkung beruht auf die dem Putz beigemischten Kohlefasern. Für den Bodenbereich gibt es *leitfähige Teppiche*, die durch Kohlefasern oder eingewebte Kupfernetze elektrostatische Aufladungen abführen und ebenfalls abschirmende Wirkungen haben. Gewöhnlich wird z.B. die Wohnungstrennwand zur Nachbarwohnung vollflächig mit dem Abschirmanstrich oder Abschirmputz beschichtet. Diese Maßnahme kann auch im Decken- und Fußbodenbereich durchgeführt werden. Alternativ zum Abschirmanstrich und Abschirmputz bietet die Industrie auch einen *Abschirmstoff* mit vergleichbaren Eigenschaften an. Die Abschirmung des elektrischen Feldes ist nur dann wirksam, wenn alle angegebenen Materialien eine Verbindung zum Erdpotential haben, denn erst die Erdung bewirkt den Potentialausgleich. Daher sind alle Abschirmungen über den in abgeschirmten Leitungen mitgeführten Beidraht unterbrechungsfrei miteinander zu verbinden und im Verteilerkasten an die Potentialausgleichschiene anzuschließen. Für die Abschirmung der Kabel bzw. für die Beidrähte empfehlen sich separate Klemmen, an die auch die Abschirmung der Verteilerdosen mit dem dort angeklemmten Kabel angeschlossen wird.

Außer durch die häusliche Elektroinstallation können elektrische oder magnetische Wechselfelder auch durch Einstrahlung von außen ins Haus gelangen. Mögliche Ursachen für solche Felder sind z.B. die Dachzuleitung, eine Hochspannungsleitung oder ein nahegelegener Hochspannungstrafo. Das elektrische Feld kann auch hier mit einem Graphitanstrich oder Abschirmstoff ausrei-

chend reduziert werden, während diese Maßnahme auf das magnetische Feld keinen Einfluß hat. Es wurden daher erste Versuche angestellt, die magnetische Belastung durch ein künstliches, umgekehrt gepoltes, magnetisches Feld zu kompensieren bzw. zu neutralisieren, um damit z.B. Schlafplätze zu verbessern.

Eine Abschirmung des magnetischen Wechselfeldes ist nicht möglich. Die einzige Möglichkeit, sich zu schützen, besteht also darin, den Abstand von der Ursache, also vom Erzeuger des Wechselfeldes zu erhöhen. Ganz ähnlich ist die Situation bei starker Belastung durch Hochfrequenzstrahlung. Auch diese ist schwierig abzuschirmen.

4.13
Durch einen Graphitanstrich lassen sich elektrische Wechselfelder und Hochfrequenzstrahlung aus dem Raum fernhalten. Dabei muß der Anstrich leitend mit der Erdung des Hauses verbunden werden.

4.14
Abschirmstoff gibt es Rollenware; daneben ein Erdungsset für Abschirmvlies (Fa. Biologa). Quelle: [33]

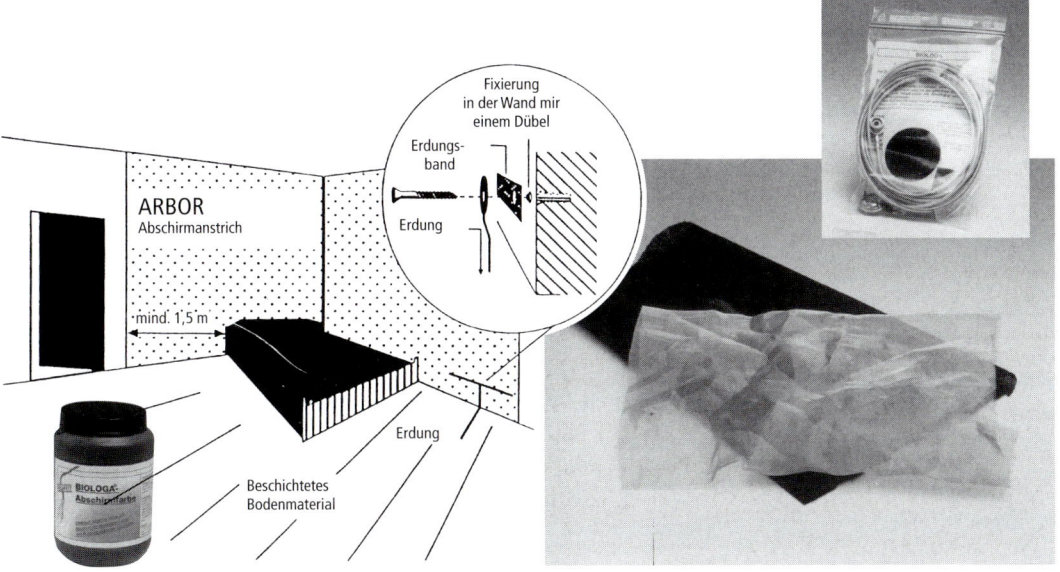

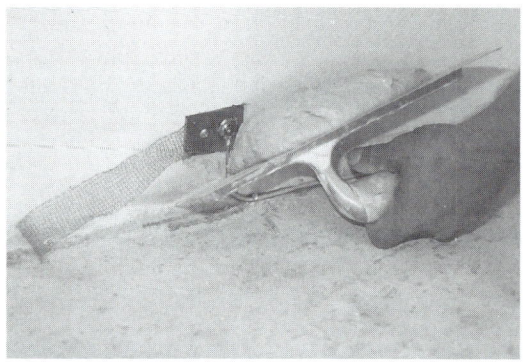

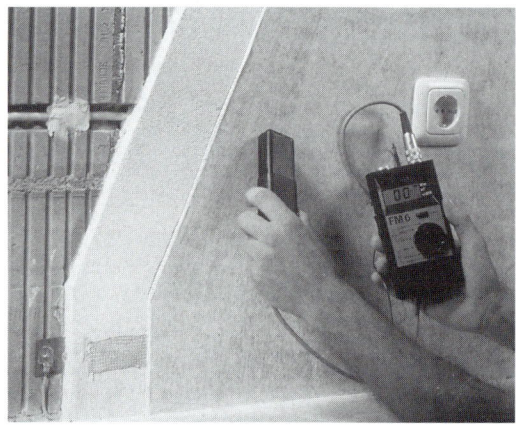

4.15
Durch Aufbringen eines elektrisch leitenden
Abschirmputzes (mittels Geflecht erden!) läßt
sich die Belastung durch elektrische Wechselfelder reduzieren.   Bilder: Fa. Knauf

4.2 Die Hausinstallation in der Praxis

Fast alle Gebäude in Deutschland sind an
das öffentliche Versorgungsnetz angeschlossen. Nur in seltenen Fällen kann ein Verbraucher seinen Strom selbst produzieren,
z.B. mit Solarzellen oder mit einem kleinen
Wasserkraftwerk. Damit hat jedes Gebäude
durch die Verbindung zur öffentlichen
Stromversorgung einen sogenannten Haus-
anschluß, der nach den Vorschriften des je-
weiligen Energieversorgungsunternehmens
(EVU) ausgeführt werden muß.

1. Vom öffentlichen Netz bis zur Wohnungsverteilung

Der Hausanschluß
Die Verbindung zum öffentlichen Stromnetz, die Hausanschlußleitung, kann auf
zwei Wegen ins Haus geführt werden, über
eine Freileitung oder über ein Erdkabel.
Freileitungen waren bis in die 60er Jahre
hinein zumindest in den Dörfern allgemein
üblich. Die Stromversorgung wurde mit Ma-
sten und Freileitungen entlang der Straßen
geführt. Heute sind Freileitungen aus fast allen dichtbebauten Gebieten verschwunden,
da die öffentliche Stromversorgung in die
Erde verlegt wurde. Lediglich alte Häuser
sind oftmals noch über die Freileitung angeschlossen, da Hausbesitzer nicht zu einer
Änderung der Hausinstallation gezwungen
werden können.
Bei der Freileitung werden die einzelnen
Leitungen, also Hin- und Rückleiter bzw.
die drei Phasen des Drehstroms plus Erdlei-
tung, an Isolatoren aufgehängt. Wegen der
Gefahr des Stromüberschlags werden sie
ohne Schutzisolierung mit recht großem
Abstand zueinander geführt. Dadurch gehen
von Freileitungen vergleichsweise starke

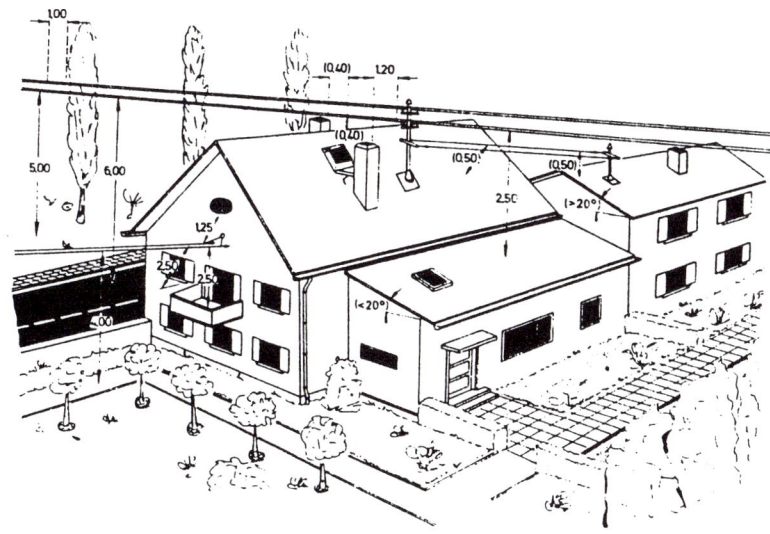

4.16
Früher sehr gebräuch-
licher Anschluß an das
Versorgungsnetz per
Dachzuführung (mit
den einzuhaltenden
Abständen).
Quelle [30]

elektrische und magnetische Felder aus. Da
die Freileitung entweder an der Giebelwand
oder über einen Dachanschlußständer in
das Haus eingeführt wird, ist besonders der
Dachraum starken elektrischen und magnetischen Feldern ausgesetzt. Eine zusätzliche
Belastung entsteht bei ausgebauten Dachge-
schossen, wenn unterhalb der Dämmung,
wie Jahrzehnte üblich, als Dampfbremse
eine Aluminiumfolie (bzw. alukaschierte
Mineralwolle) eingesetzt wird. Die Metallfolie lädt sich wie eine Kondensatorplatte
durch die kapazitive Ankopplung großflä-
chig auf und überträgt das elektrische
Wechselfeld auf den gesamten Innenraum.

Erdkabel

Seit den 60er Jahren werden die örtlichen
Verteilungsleitungen der öffentlichen
Stromversorgung – also nicht die Hochspan-
nungs-Überlandleitungen – zunehmend in
der Erde verlegt und entsprechend alle Neubauten mit *Erdkabeln* angeschlossen. Durch
enges Verdrillen der Leiter im Kabel sind die
elektrischen und magnetischen Felder in der
Umgebung von Erdkabeln deutlich geringer
als bei Freileitungen, so daß an der Erdober-

fläche nur sehr geringe Feldstärken gemessen werden.

Die Stromzuleitung endet am Hausanschlußkasten im Anschlußraum, der im Kel-
ler- bzw. im Erdgeschoß oder in einem Nebengebäude liegen kann. Von dort führt ein
Kabel zum Sicherungs- und Zählerschrank
und zur Unterverteilung. Der Hausanschlußkasten besteht zwar aus Kunststoff
(meist PVC) und ist entsprechend elektrisch
isolierend, aber er schirmt nicht ab, so daß
von ihm elektrische und magnetische Wechselfelder ausgehen. Im Keller sollten daher
an die Wand, auf die der Hausanschlußkasten montiert ist, keine Daueraufenthaltsräume bzw. -plätze angrenzen. Es ist vorteilhaft, wenn der Anschlußkasten ebenerdig
angebracht werden kann, z.B. an einer Gara-
genwand,. In anderen europäischen Ländern ist es üblich, die Übergabestation au-
ßerhalb des Hauses auf dem Grundstück an-
zulegen.

Stromzähler und Hausverteilung

Im Zählerschrank sind beim Einfamilienhaus nicht nur die Hauptsicherungen und
der Stromzähler untergebracht, sondern

4.17
Hausanschlußkasten.

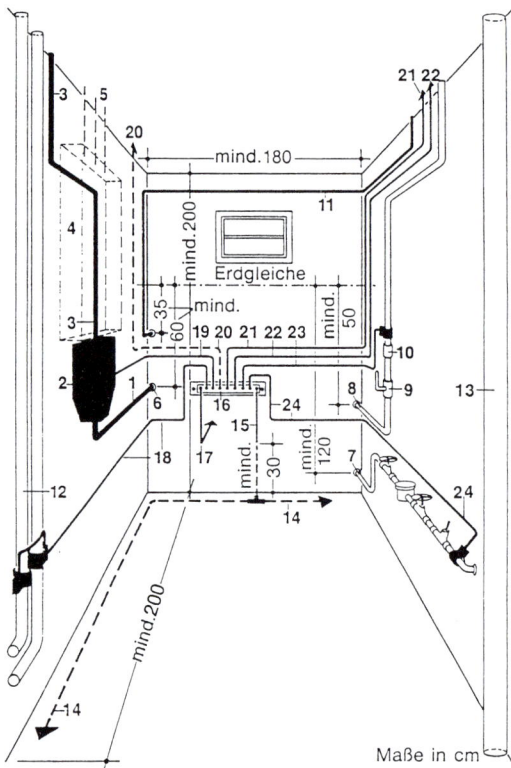

4.18
Anordnung von Elektroanschlußkasten und
Hauptpotentialausgleich im Hausanschluß-
raum (in Anlehnung an DIN 18012).
Quelle [10]

auch die Hausverteilung mit den Sicherungen für die einzelnen Stromkreise. Bei
Mehrfamilienhäusern gibt es dagegen oft einen eigenen Schrank nur für die Zähler, von
denen die Zuleitungen zu den geschoß-
oder wohnungsweise angeordneten Vertei-
lerschränken abgehen. Stromzähler sind
nicht abgeschirmt und verbreiten damit
elektrische und magnetische Felder. Besteht
der Verteilerkasten aus Metall, so sollte
überprüft werden, ob er (wie in den Normen
und Fachregeln vorgeschrieben) geerdet
ist.Durch die Erdung des Metallgehäuses
wird die Abstrahlung des elektrischen
Wechselfeldes verhindert.

Die *Stromzuführungen zu den Underverteilungen* bzw. den Wohnungsverteilerkästen
im mehrgeschossigen Wohnungsbau werden
meist in den Treppenhauswänden geführt.
Da es sich hier oft um ein dickes Leitungs-
bündel handelt, in dem obendrein beträchtliche Ströme fließen, sollten in der Nähe
dieser Installationsschächte innerhalb der
Wohnungen keine Daueraufenthaltsplätze
vorgesehen werden. Ebenfalls problematisch sind die Wände zu Aufzugschächten,
da die auf der Kabine aufgebauten Motoren
erhebliche magnetische Felder verursachen
können.

Im *Verteilerkasten* enden die Versorgungsleitungen an Leiterschienen. Die Verteilerkä-
sten bestehen aus Blech oder Hartkunststoff.
Entsprechend sollten auch in deren Umgebung keine Daueraufenthaltsplätze vorgesehen werden. Auf den Leiterschienen sitzen
die Sicherungen für die einzelnen Stromkreise (gebräuchliche Stärken 10, 16 oder 25
Ampere). Hier werden auch die Netzfreischalter bzw. Fehlerstromschutzschalter eingebaut.
Um eine unzulässige Erwärmung der Leitung durch zu starken Stromfluß (bei Über-
belastung oder Kurzschluß) zu verhindern,
wird als schwächster Punkt des Leitungsnet-

zes eine *Sicherung* eingebaut, die im Gefahrenfall den Stromfluß unterbricht. Dadurch kann die Zerstörung einer Maschine und die Überlastung und Beschädigung der Kabel (z.B. durch Kabelbrand) verhindert werden. Die isolierende Ummantelung der Kabel besteht normalerweise aus schwer entflammbarem PVC. Mittlerweile sind aber auch flammwidrige und halogenfreie Kabel (ohne PVC) auf dem Markt.

Eine weitere Schutzeinrichtung für den Benutzer des Stromnetzes ist der *Fehlerstromschutzschalter* (FI-Schalter), eine Art automatische Sicherung mit hoher Empfindlichkeit. Der FI-Schalter reagiert nicht erst bei zu starker Belastung der Leitungen, sondern spricht an, wenn der Unterschied der Ströme in der Hin- und Rückleitung mehr als 30 mA beträgt, wenn also innerhalb der Verteilung oder an den Geräten sogenannte Fehlerströme zur Erde bzw. zum Schutzleiter fließen. Der Fehlerstromschutzschalter erkennt damit kleinste Erdschlüsse bereits im Ansatz und schaltet den betreffenden Stromkreis ab.

Potentialausgleich
Eine weitere Maßnahme zum Schutz der Menschen vor gefährlichen Spannungen und Körperströmen ist der Potentialausgleich. Diese Schutzmaßnahme wird in der DIN-VDI 0100 Teil 410 beschrieben; darin wird eine elektrisch gut leitende Verbindung zwischen folgenden leitfähigen Teilen gefordert:

- Schutzleiter und Erdleiter (PE) der Stromversorgung,
- Fundamenterde und ggf. Blitzschutzerde,
- Trinkwasser-Hausanschlußleitung,
- Rohrsysteme der Wasser- und Heizungsversorgung,
- alle metallenen Sanitärgegenstände im Haus.

4.19
Zähleranlage in einem Mehrfamilienhaus.

Der Potentialausgleich soll dafür sorgen, daß möglicherweise gefährliche Spannungsunterschiede sofort zur Erde abgeleitet werden. Erdungspunkt ist der Fundamenterder, ein geschlossener metallischer Ring, der bei der Errichtung des Hauses in das Fundament einbetoniert wird. Der Ersatz dieses Erdungsringes durch einzelne Erdungsstangen ist nur ein Behelf, wenn in einem Altbau ein solcher ringförmiger Fundamenterder nicht vorhanden ist.

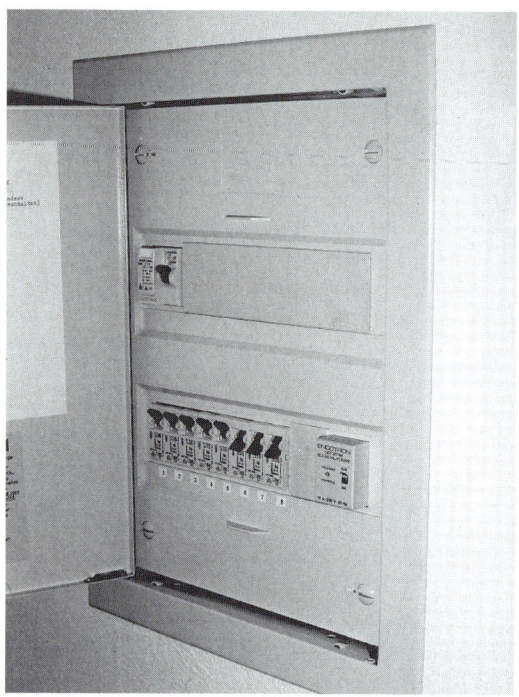

4.20 oben
Unterverteilungskasten mit Fehlerstromschalter, Netzfreischalter und NF-Schutzschalter.

2. Installation

Für die Ausführung der Elektroinstallation in Wohnungen oder in gewerblichen Räumen steht dem Elektrohandwerk eine Fülle von Installationsmaterial zur Verfügung. Wegen der mit dem elektrischen Strom verbundenen Sicherheitsrisiken (elektrische Sicherheit, Brandschutz) wird strenger als in anderen Handwerksbereichen durch Normenausschüsse darauf geachtet, daß nur geprüftes und zugelassenes Material in den Handel kommt.

Kabel

Um elektrischen Strom zu transportieren, sind metallische Leiter (mindestens eine Hin- und eine Rückleitung) notwendig. Um Kurzschlüsse und Personenschäden zu vermeiden, müssen diese Leiter mit Isolationsmaterial umgeben sein – damit entsteht aus den elektrischen Leitern ein Kabel. Die Vielzahl der erhältlichen Kabeltypen, die sich vor allem durch die Zahl der Adern und die Art der Isolation unterscheiden, ist für den

Potentialausgleichsleiter

Potentialausgleichsschiene

Deckel plombierbar
30 cm

Verbindung zum Nullleiter bei der „Nullung"

Anschlußkasten

Federverbinder

Fundamenterder (Bandstahl)

Fundamenterder für Bandstahl

Betonfundament

4.21 links und unten
Als Fundamenterder für den Potentialausgleich wird in das Fundament üblicherweise ein verzinktes Bandeisen einbetoniert, wobei die Anschlußfahne (hier im Bild) in den Hausanschlußraum geführt wird.
Quelle [30]

Laien auf den ersten Blick verwirrend. In der Praxis kommen für die übliche Hausinstallation nur wenige Typen zur Anwendung. Die Bezeichnungen für die Kabel sind zum Teil genormt, zum Teil handelt es sich um Bezeichnungen der Herstellerwerke. Zu unterscheiden ist zwischen eindrähtigen, relativ starren Leitungen (z.B. Stegleitungen), die für die feste Installation vorgeschrieben sind, und feindrähtigen, flexiblen Kabel (die Adern bestehen aus vielen feinen Drähten, sogenannten Litzen), die für den beweglichen Anschluß leichter Elektrogeräte eingesetzt werden. Folgende Kabeltypen kommen im Haus sehr häufig zum Einsatz:

- Zweiadrige Kabel für schutzisolierte elektrische Geräte (Gehäuse ist doppelt isoliert),

- Dreiadrige Kabel mit grün-gelbem Erdungsleiter für nicht doppelt isolierte Geräte (Geräte mit Schutzerdung),
- Vieradrige Kabel für Geräte mit 3-Phasen-Stromversorgung (Drehstrom) und Erdung,
- Fünfadrige Kabel für 3-Phasen-Geräte mit Nullleiter und Erdung.

Die Bezeichnung der einzelnen Leiter:

- L = spannungsführender Phasenleiter bzw. L_1, L_2, L_3 = Phasenleiter bei Drehstrom,
- N = Leiter für die Rückführung, auch Nulleiter genannt, weil er keine Spannung gegen Erde führt,
- PE = Erdungsleiter oder Schutzleiter.

Tabelle 4.1
Auswahl häufig verwendeter Leitungen und Kabel in der Hausinstallation.   Quelle [30]

Typ	Verwendung (Anwendungsbereiche)
PVC- Aderleitung H 07 V-U	Diese Leitungen sind bestimmt für die Verlegung in Rohren auf, in und unter Putz sowie in geschlossenen Installationskanälen. Sie dürfen nicht verwendet werden für die direkte Verlegung auf Pritschen, Rinnen oder Wannen. Sie dürfen als Schutz und Potentialausgleichsleiter auch direkt auf, in und unter Putz sowie auf Pritschen und dergleichen verwendet werden. Sie dürfen für die innere Verdrahtung von Geräten, Schaltanlagen und Verteilern sowie für geschützte Verlegung in und an Leuchten mit einer Nennleistung bis 1000 V Wechselspannung oder einer Gleichspannung bis 750 V gegen Erde verwendet werden.
Stegleitung NYIF (mit Gummihülle) NYIFY (mit Kunststoffhülle) DIN VDE 0250 Teil 201	Diese Leitungen sind bestimmt für das Verlegen in oder unter Putz in trockenen Räumen. Da nur der Putz den notwendigen mechanischen Schutz gewährleistet, muß die Verlegung in ihrem gesamten Verlauf vom Putz bedeckt sein. Die Verlegung hinter Gipskartonplatten ist nur zulässig, wenn die Platten mit Gipspflaster befestigt werden.
Mantelleitung NYM DIN VDE 0250 Teil 204	Diese Leitungen sind bestimmt zur Verlegung über, auf, in und unter Putz in trockenen, feuchten und nassen Räumen sowie im Mauerwerk und im Beton, ausgenommen für direkte Einbettung in Schüttel-, Rüttel- oder Stampfbeton. Diese Leitungen sind auch für die Verwendung im Freien geeignet, sofern sie vor direkter Sonneneinstrahlung geschützt sind.
Kunststoffkabel NYY DIN VDE 0271	Für Verlegung im Erdreich und im Wasser sowie in Innenräumen. Im Erdreich verlegt Kabel sollen mindestens 0,6 m unter der Erdoberfläche verlegt werden und gegen die am Verlegungsort zu erwartenden mechanischen Einwirkungen geschützt werden.

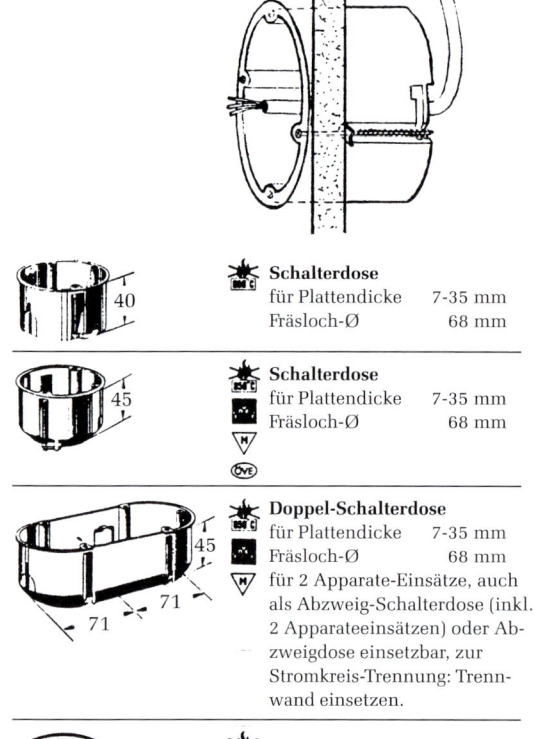

Schalterdose
für Plattendicke 7-35 mm
Fräsloch-Ø 68 mm

Schalterdose
für Plattendicke 7-35 mm
Fräsloch-Ø 68 mm

Doppel-Schalterdose
für Plattendicke 7-35 mm
Fräsloch-Ø 68 mm
für 2 Apparate-Einsätze, auch als Abzweig-Schalterdose (inkl. 2 Apparateeinsätzen) oder Abzweigdose einsetzbar, zur Stromkreis-Trennung: Trennwand einsetzen.

Dichtungstopf
zum Umrüsten von Schalterdosen und Abzweig-Schalterdosen in wassergeschützte Ausführungen

4.22: Hohlwanddosen   Quelle [26]

4.23
UP-Schalterdose und Hohlwanddose, mit Abschirmfarbe behandelt und mit Beidraht für Masseanschluß ausgerüstet.   Foto: Biologa

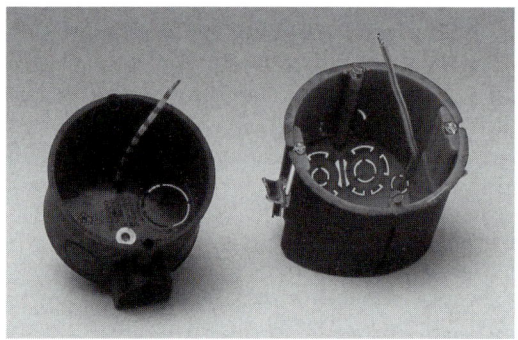

Übliche Querschnitte für die Kupferleiter in Kabeln sind 0,75 mm² für kleine Ströme bis 10 A, 1,5 mm² für mittlere Ströme bis 15 A und 2,5 mm² für starke Ströme bis 25 A. Nach den VDE-Bestimmungen wird heute die feste Elektroinstallation in Wohngebäuden etwa folgendermaßen ausgeführt:

• Stegleitung NYIF für Unterputz-Leitungen. Die mit einem Gummisteg zusammengefaßten Leitungsadern werden auf das Mauerwerk genagelt und anschließend eingeputzt. Sie sind im Hinblick auf eine feldarme Elektroinstallation relativ ungünstig. Da Hin- und Rückleiter mit etwa 1 cm Abstand nebeneinander liegen, also nicht verdrillt sind, gehen von diesen Leitungen relativ starke magnetische Felder aus.

• Mantelleitung NYM. Die kunststoffumhüllten Adern dieser Leitung sind mit einem zusätzlichen äußeren Kunststoffmantel gegen Beschädigung geschützt. Diese Leitung ist auch für die Auf-Putz-Montage und zur Verlegung in Hohlräumen (Kabelkanälen) geeignet. Je stärker die Hin- und Rückleiter miteinander verdrillt sind, um so geringer ist das bei Stromfluß entstehende magnetische Feld.

Fast alle gängigen Leitungen gibt es auch in abgeschirmter Ausführung; allerdings sind diese Kabel nicht genormt und werden nur in Anlehnung an die einschlägigen DIN-Normen hergestellt. Für den beweglichen Anschluß leichter Elektrogeräte sind ebenfalls entsprechend geschirmte Kabel erhältlich.

Verteiler-, Abzweig- und Enddosen
Alle Abzweige und die Aufteilung der Kabel in mehrere Stränge müssen in sogenannten Installationsdosen ausgeführt werden. Ebenso werden die Ein-Aus-Schalter und Steckdosen in Installationsdosen (sogenannten Enddosen) montiert. Das Setzen und Ein-

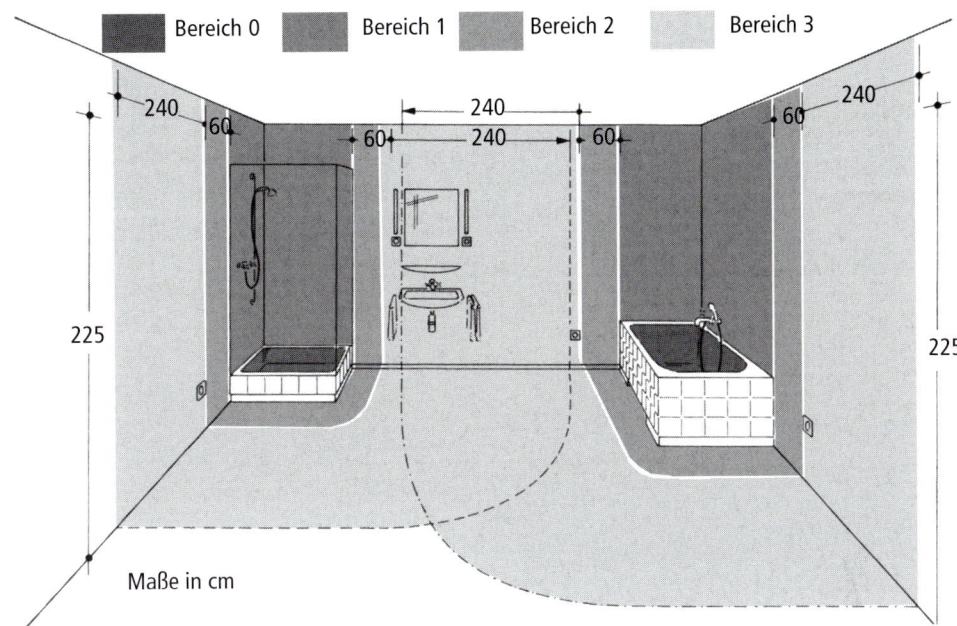

Bereich 0   Bereich 1   Bereich 2   Bereich 3

Maße in cm

4.24
Schutzbereiche im Bad: In den Schutzbereichen 0 bis 2 dürfen keine Steckdosen angeordnet werden.   Quelle [10]

putzen von Installationsdosen entfällt, wenn Steckdosen oder Schalter in Auf-Putz-Ausführung eingebaut werden, was oftmals allerdings nicht gerade schön aussieht. Für den Trockenbau gibt es spezielle Hohlwanddosen für die wandbündige Montage von Steckdosen und Schaltern.

Installationsdosen gibt es im spezialisierten Elektrofachhandel auch in abgeschirmter Ausführung. Als Abschirmung dient eine Umhüllung aus Aluminiumfolie oder ein Abschirmanstrich, wobei zwecks Erdung ein Beidraht fest mit der Abschirmung verbunden ist. Die Abschirmungen sind mit Hilfe des Beidrahts lückenlos miteinander zu verbinden. Sie dürfen weder mit dem grün-gelben Schutzleiter verbunden werden, noch dürfen Abschirmung oder Beidraht einen fehlenden Schutzleiter ersetzen. Nur im Hausverteilungskasten, also am Beginn der Installation, dürfen die Abschirmung bzw. der Beidraht eines Stromkreises mit dem geerdeten Schutzleiter (PE) verbunden werden.

Besonderheiten in der Umgebung von Sanitärinstallationen

Im Bereich von Wasserzapfstellen, z.B. im Bad, sind in der DIN VDE 0100, Teil 701, Schutzbereiche festgelegt (vgl. Abb. 4.24). In den Bereichen 0, 1 und 2 dürfen Schalter, Steckdosen und Leitungen im oder unter Putz oder hinter Wandverkleidungen *nicht* angebracht werden (Ausnahme Warmwasserbereiter). In diesem Bereich sind ausschließlich Mantelleitungen z.B. NYM zu verwenden oder Kunststoffkabel ohne metallene Umhüllung z.B. NYY. Abgeschirmte Kabel sind nicht zulässig, da diese die Funktion der Sicherheitseinrichtungen z.B. des Fehlerstromschutzschalters durch Verschleppen von Fehlerspannungen beeinträchtigen könnten.

Geräteanschlußdose

Schalterkombination

Feuchtraumschalter
Aufputz

4.25
Unterputz- und Aufputzschalter und Dosen.

Verlegung der Leitungen

Der elektrische Strom wird durch Kabel im Haus verteilt. Die Kabel werden an den Verteilungs- und Endstellen miteinander oder mit Schaltern und Steckdosen verbunden, wobei diese Verbindungen und Bauelemente in Installationsdosen untergebracht werden. Installationsdosen werden für verschiedene Montagearten hergestellt. Unterschieden werden:

- Die *Aufputzmontage* (AP): Dabei werden die Kabel sichtbar auf der Wand-, Boden- oder Deckenkonstruktion geführt und direkt mit den Steckdosen, Schaltern oder Lampen verbunden. Diese Installation ist in Kellerräumen oder Garagen üblich. Die Ausbreitung des elektrischen Feldes wird hier nicht durch eine Überdeckung mit Putz oder anderen Materialien behindert.
- Die *verdeckte Aufputzmontage.* Sie ist in gewerblichen Bauten üblich. Die Leitun-

gen werden in Kabelkanälen entlang der Wände, auf abgehängten Decken oder in Hohlräumen unter dem Fußboden geführt. Diese Verlegung soll die nachträgliche Änderung der Installation bzw. die Reparatur vereinfachen. Im Zuge der Modernisierung von Altbauten werden die Leitungen oftmals hinter der Fußbodenleiste verlegt, um das aufwendige Herstellen von Schlitzen in den alten Wänden zu vermeiden. Bei all diesen Verlegungsarten ist die Ausbreitung des elektrischen Feldes davon abhängig, mit welchen Materialien die Kabel abgedeckt werden. Dünnes Holz oder Kunststoff schirmt weniger ab als starke Trockenbauplatten oder Estriche.

- Die *Unterputzmontage* (UP): Hier wird das Kabel in der Wand, im Boden oder in der Decke geführt. Die Installationsdosen sind in die Wand eingelassen und die gesamte Installation vollständig mit einer mineralischen Putzschicht von 1 bis 1,5 cm Stärke bedeckt. Die Installationsdosen werden bündig mit der Bauteiloberfläche mit einem Deckel verschlossen bzw. mit der Steckdose oder dem Schalter abgedeckt. Diese Ausführung behindert die Ausbreitung der elektrischen Felder entlang der Leitungsstränge gut.
- Die *Hohlwandmontage* (HM): Dabei wird das Kabel in Hohlräume (beim Trockenbau bzw. Holzständerbau) eingelegt. Die Installationsdosen werden ebenso versenkt montiert wie bei der Unterputzmontage.
- *Leerrohrverlegung:* Dabei werden zuerst flexible Kunststoffrohre in Wände und Boden verlegt. Später werden in diese Rohre die Leiter eingezogen. Unterschied und Vorteil gegenüber der Unterputzmontage besteht darin, daß das Leitungsnetz später einfach durch zusätzliche Leitungen oder solche mit größerem Querschnitt erweitert werden kann.

4.26 links oben
Stegleitung auf Rohbauwand.

4.27 rechts oben und unten
Leitungsführung und Unterputzmontage in Trockenbauwänden. Quelle [26]

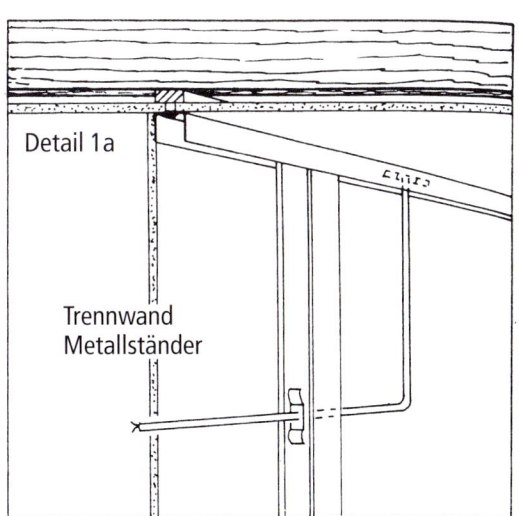

Detail 1a

Trennwand
Metallständer

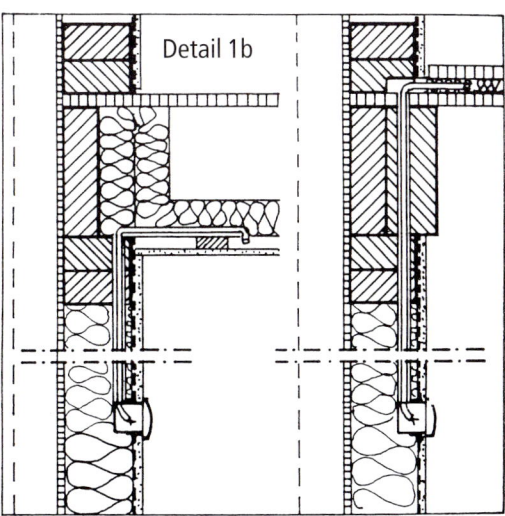

Detail 1b

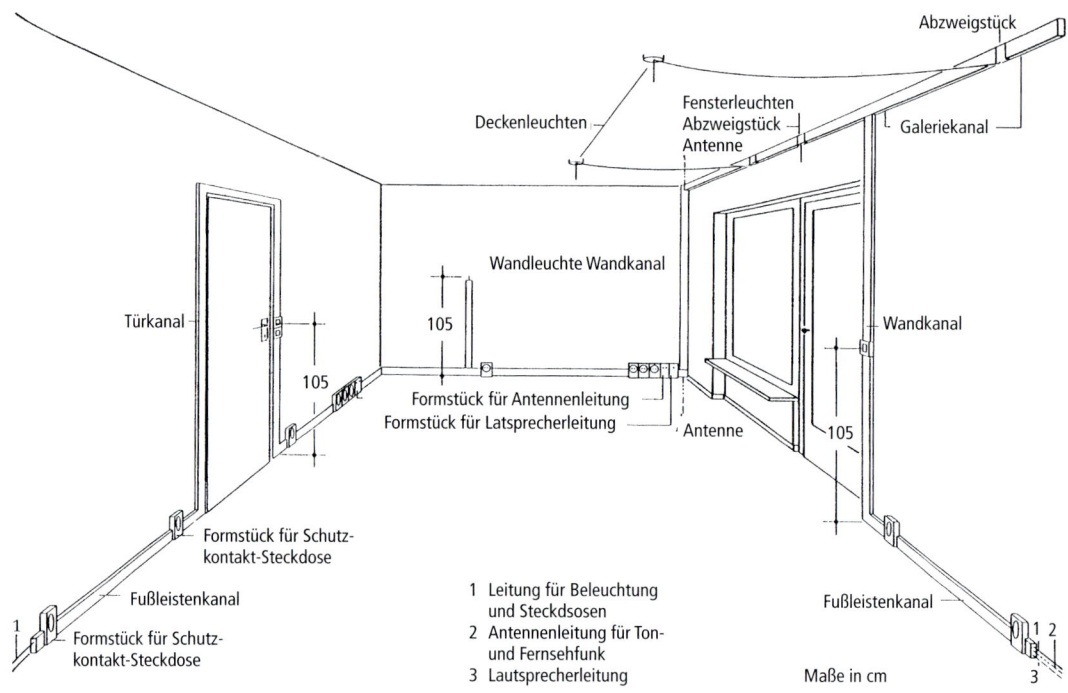

4.28
Beispiel einer Installation mit vorgefertigten Installationskanälen im Altbau.
Quelle [31]

Für die Aufputzmontage gibt es auf dem Markt keine abgeschirmte Stecker und Schalter. Gleichzeitig entfällt bei aufputz-verlegten Kabel jegliche abschirmende Wirkung durch den Putz. Bei Aufputz-Installationen ist daher mit einer erhöhten Belastung durch elektrische Felder zu rechnen.

Probleme im Altbau

Für elektrische Leitungen wurde bis vor 40 Jahren Gummi als Isolierungsmaterial eingesetzt, das heute nach 40 und mehr Jahren Gebrauch sehr spröde ist. Neben der großen Gefahr des direkten Stromschlages durch Leitungen mit schadhafter Isolierung ist es möglich, daß bei ausreichender Feuchte in den Baumaterialien durch „Kriechströme" aus solchen Leitungen ganze Zimmerwände unter Spannung stehen.

Bis in die 60er Jahre hinein wurden die stromführenden Kabel in der Wohnung bzw. im Haus auf Putz verlegt, und zwar vielfach in den heute nicht mehr üblichen und auch nicht mehr zugelassenen Blechröhren. Wird die Isolierung dieser Leitungen brüchig, kann die Blechummantelung Strom führen und eine Gefahr für die Bewohner darstellen. Solche alten Installationen sind auch noch aus einem anderen Grund erneuerungsbedürftig: In der Regel wurden damals nur zweiadrige Leitungen verlegt, der heute vorgeschriebene Schutzleiter (die gelb-grün gekennzeichnete Ader) ist nicht vorhanden, ebensowenig der Schutzkontakt an den Steckdosen. Dieser Leiter hat die Aufgabe, das metallische Gehäuse von Elektrogeräten zu erden (Schutzerdung) und Fehlerströme, die aufgrund schadhafter Isolierung im Ge-

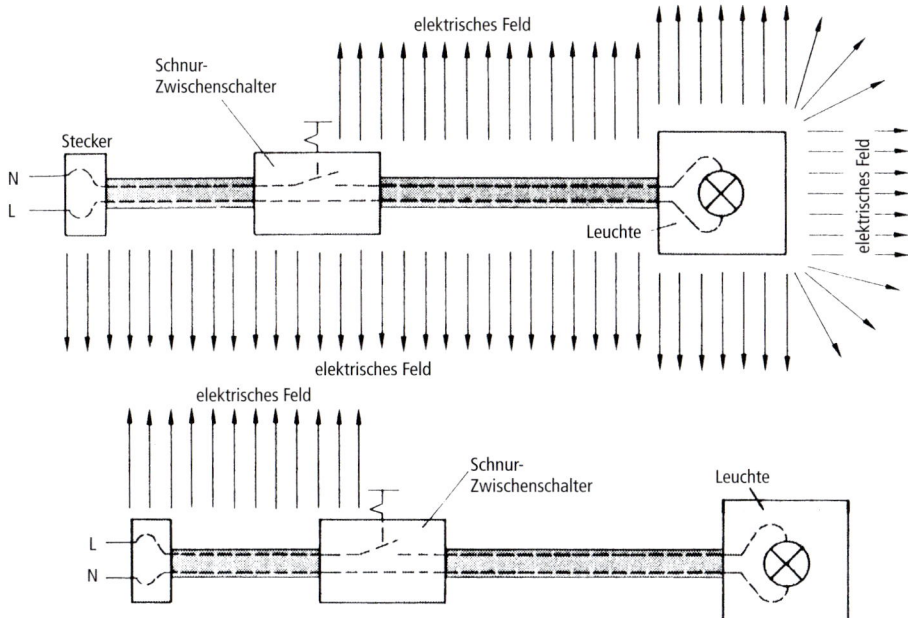

4.29
Je nach Polung kann von der Gerätezuleitung mit einpoligem Schnurschalter ein beträchtliches elektrisches Wechselfeld ausgehen, wenn wie oben im Bild der Schnurschalter in der Null-Leitung liegt; bei umgekehrt einstecktem Gerätestecker (unten) wird die Phase ausgeschaltet, so daß das elektrische Wechselfeld nur über ein kurzes Leitungsstück verbreitet wird.   Quelle [3]

rät auftreten, auf direktem Wege abzuleiten. Werden nun Geräte mit Schutzerdung, wie z.B. Stehlampen mit Metallfuß, an Steckdosen bzw. Leitungen ohne Schutzleiter betrieben, bleibt der Berührungsschutz unwirksam; bei Schäden an der Kabelisolation kann z.B. ein Metallgehäuse oder ein metallischer Lampenfuß Netzspannung führen, ohne daß die Sicherung auslöst, so daß für den Nutzer lebensgefährliche Situationen entstehen können. Daher sollten solche alten Leitungen zumindest für die Steckdosenkreise unbedingt stillgelegt und durch vorschriftsmäßige Leitungen mit Schutzleiter und durch Steckdosen mit Schutzkontakt ersetzt werden.

Hier bietet sich die Verlegung in vorgefertigten Leitungskanälen und Fußleisten-Installationskanälen an. In diese Kanäle lassen sich auch die Formstücke für Steckdosen und Schalter einbauen (Abb. 4.28).

3. Verlängerungskabel und Gerätezuleitungen

Die allgemein üblichen, frei verlegten Vielfach-Steckdosenleisten sowie die Verlängerungskabel und Anschlußkabel für Einzelgeräte sind eine wesentliche Quelle unkontrollierter elektrischer und magnetischer Felder und daher ein Schwachpunkt in der feldarmen bzw. abgeschirmten Elektroinstallation. Sie sollten, soweit es geht, aus dem Haushalt verbannt werden.

Leider können – anders als in England und in den USA, in der Schweiz und in anderen Ländern – die Stecker in Deutschland auf

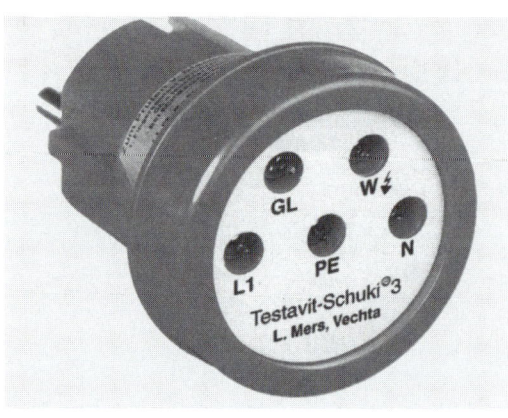

4.30
Spezialprüfstecker „Spürhund" zum Aufspüren von Anschlußfehlern. In eine Steckdose eingesteckt zeigen 5 Lämpchen die richtige und falsche Polung der Stromleitung und fehlende Erdung.   Quelle [34]

4.31
Reisezwischenstecker zur Anpassung an andere Steckersysteme.

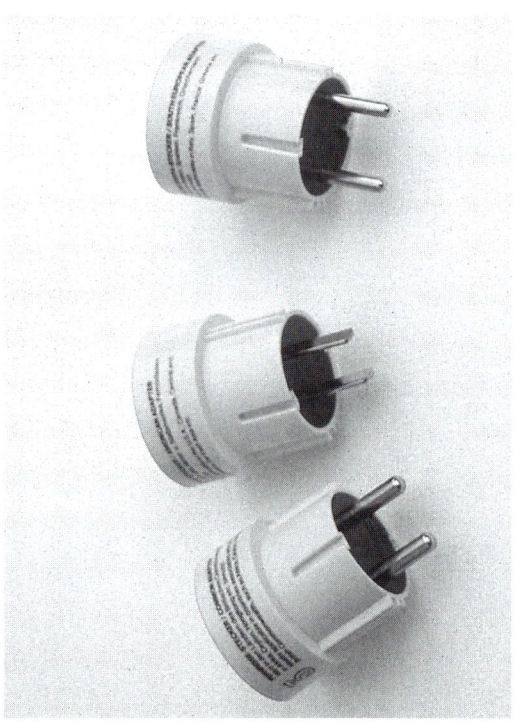

zwei Arten in die Steckdose gesteckt werden. Welche der beiden Pole des Steckers mit welcher Leitung in der Steckdose verbunden wird, ist nicht eindeutig festgelegt. Gerade bei Stehlampen u.ä. mit einem Ausschalter in der Zuleitung wäre es aber wünschenswert, wenn der Netzschalter zwecks Minimierung der elektrischen Wechselfelder die „Phase" abschalten würde. Denn in diesem Fall steht nur das Kabelstück von der Steckdose bis zum Schalter unter Spannung, und es entsteht dadurch ein entsprechend geringes elektrisches Feld. Wird der Stecker anders herum eingesteckt, steht auch das Kabel zum Verbraucher sowie der Verbraucher selbst unter Spannung (bei einpoligem Ausschalter), so daß sowohl das Gerät als auch die gesamte Leitung im ausgeschalteten Zustand ein elektrisches Feld abstrahlt. Vorteilhaft ist deshalb eine Kennzeichnung am Stecker und an der Steckdose, in welcher Position die betriebsstromführende Leitung durch den Schalter unterbrochen ist.

Anschlußfehler entdeckt ein Spezialgerätestecker der Firma Mers. In die Steckdose gesteckt zeigen fünf Lämpchen die richtige oder falsche Polung der Stromzuleitung sowie fehlende oder fehlerhafte Erdung an (Abb. 4.30). Die im Handel befindlichen Geräte und Kabel haben im allgemeinen eine doppelte Isolierung. Das heißt: Um einen zuverlässigen Schutz gegen elektrische Unfälle bei Gebrauch der vielen Geräte in Haushalt und Gewerbe zu gewährleisten, muß durch zwei voneinander unabhängige Maßnahmen sichergestellt sein, daß der Benutzer nicht mit den im Gerät auftretenden Spannungen und Strömen in Berührung kommt. Dieses Prinzip der Schutzisolierung darf nicht mit der Abschirmung verwechselt werden. Schutzisolierte Geräte sind nicht gegen die Ausbreitung von elektrischen und magnetischen Feldern abgeschirmt, so daß von jedem Motor der Stereo- oder Computeranla-

Schutzklassen	
Schutzklasse I	(ohne Symbol) Leuchte ist zum Anschluß an einen Schutzleiter bestimmt. Kennzeichnung des Schutzleiteranschlusses
Schutzklasse II	Symbol ▣ Leuchte ist schutzisoliert
Schutzklasse III	Symbol ⟨Ⅲ⟩ Leuchte ist zum Anschluß an Schutzkleinspannung bestimmt.

Tabelle 4.2
Die drei Schutzklassen von Leuchten. Sie geben Auskunft über den Verwendungszweck der Leuchten im besondern bzw. von Geräten im allgemeinen. Alle drei Schutzklassen stehen in Bezug auf die elektrische Sicherheit gleichwertig nebeneinander.   Quelle [15]

ge im Betrieb erhebliche elektrische und magnetische Wechselfelder ausgehen. In Kapitel 5 wird noch näher ausgeführt, welche Störungen und Probleme mit dem Betrieb der einzelnen Geräte verbunden sind. Alle Anschlußkabel von Geräten oder Lampen verbreiten, wenn sie unter Spannung stehen, elektrische und in Betrieb zusätzlich magnetische Felder. Die einfachste Methode, dies zu vermeiden, besteht darin, die Stecker der Anschlußkabel aus der Steckdose zu ziehen, wenn das Gerät nicht gebraucht wird. Das ist für uns selbstverständlich, wenn Geräte nur kurzzeitig in Betrieb sind, z.B. beim Staubsaugen, beim Betrieb einzelner Küchengeräte oder bei Heimwerkermaschinen. Dies trifft allerdings auf viele andere Geräte oder Einrichtungsgegenstände nicht zu, die deshalb mit abgeschirmten, flexiblen Anschlußkabeln ausgerüstet werden sollten, wie z.B.:

• Geräte, die immer angeschlossen bleiben, auch wenn sie nicht in Betrieb sind, wie Stehlampen, Fernseher, Stereoanlagen. Die Abschirmung ist nur dann notwendig, wenn der Stromkreis nicht über den Netzfreischalter abgeschaltet wird.
• Geräte in der Nähe von Daueraufenthaltsplätzen, die immer in Betrieb sind und deshalb nicht an den Netzfreischalter angeschlossen werden können, wie Kühlschrank, Tiefkühltruhe, Anrufbeantworter, Antennenverstärker, Alarmanlage,

Haustelefonanlage, Warmwasserzirkulationspumpe, usw.
• Geräte an Daueraufenthaltsplätzen, die lange Einschaltzeiten haben, wie Computer, Telefaxgeräte usw.

4. Der Installations-Bus

Die Praxis der Elektroinstallationen hat sich seit Beginn der 90er Jahre beträchtlich verändert. Ursache war die zunehmende Automatisierung vieler Vorgänge, die früher von Hand bzw. durch manuelles Ein- und Ausschalten eines Elektrogerätes persönlich vorgenommen werden mußten. Benötigten die Geräte früher nur die Versorgung mit elektrischer Energie, so besitzen sie heute zur Steigerung des Komforts sogenannte Sensoren, d.h. Melder, die das Gerät in seiner Funktionsweise steuern. Die Zentralheizung war eines der ersten Geräte, die mittels eines Raumthermostaten gesteuert wurde. Andere Sensoren melden z.B. eine zu starke Sonneneinstrahlung und lassen den Sonnenschutz ausfahren oder sie registrieren den Beginn der Dämmerung und lassen die Rolläden herunter.
Mit zunehmender Zahl an Geräten wird es immer schwieriger, die vielen Steuerleitungen in den Installationsschächten unterzubringen, und nachträgliche Änderungen lassen sich nur mit großem Aufwand durchzuführen.

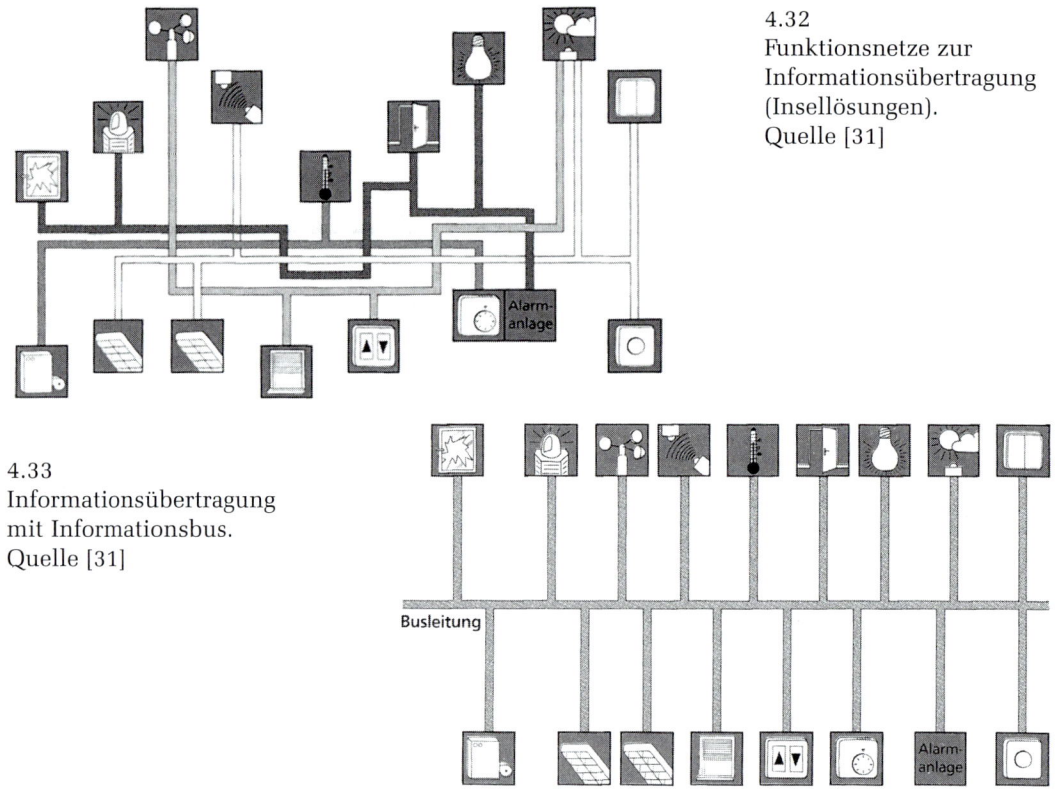

4.32
Funktionsnetze zur
Informationsübertragung
(Insellösungen).
Quelle [31]

4.33
Informationsübertragung
mit Informationsbus.
Quelle [31]

Busleitung

Vor gut zehn Jahren begann in Bürobauten, Krankenhäusern und Hotels mit dem sogenannten „Installationsbus" das neue „Elektroinstallations-Zeitalter". Die mit vielen elektrischen Geräten ausgestatteten Gebäude waren mit der üblichen Installationstechnik kaum mehr zu bedienen. Bei der Bus-Installation sind alle stationären Elektrogeräte neben der Stromversorgung zusätzlich an eine sogenannte Steuerleitung angeschlossen. Diese zweiadrige, abgeschirmte Schwachstromleitung mißt, steuert, schaltet, taktet und meldet die Funktionsweise des Geräts an eine zentrale Steuerung. Daher auch der Name BUS-System. Diese Leitung ersetzt eine Vielzahl der sonst üblichen Steuerleitungen, jedoch *nicht* die Stromleitung zur Energieversorgung.
Typische Anwendungsbereiche, bei denen neben dem elektrischen Energieversorgungsnetz ein weiteres Leitungsnetz als Funktionsnetz erforderlich ist, betreffen die:

• Heizungssteuerung
• Lüftungssteuerung
• Rolladensteuerung
• Feuer- und Rauchmeldeanlagen
• Jalousiesteuerung
• Alarmanlage.

Von einer zentralen Eingabestelle aus, z.B. einer Tastatur oder auch von einem PC kann nun jedes Gerät, da es cordiert ist, gezielt zu einem bestimmten Zeitpunkt und für eine bestimmte Dauer geschaltet werden bzw. eine Meldung senden oder empfangen. Ist ein vollautomatisierter Haushalt mit einer Bus-Installation geplant, muß jeder Raum mit einem Leerrohr ausgerüstet sein,

 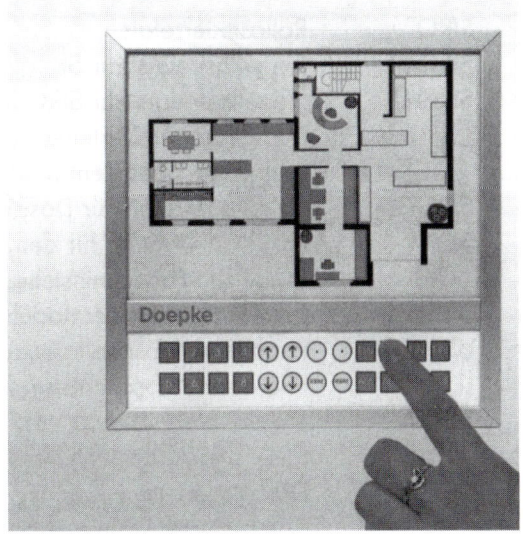

4.34
Der Installationsbus ermöglicht nicht nur eine planunsgfreundliche Leitungsführung sondern gestattet auch das Ein- und Ausschalten von Geräten und Anlagen über eine zentrale Eingabe-Tastatur.   Quelle [32]

um alle in Betracht kommenden Elektrogeräte mit dem Bus verbinden zu können. Die Verteilung sollte ca. 30 bis 40% größer dimensioniert werden, um die zusätzlichen Leitungen und Steuergeräte aufnehmen zu können.

Im Hinblick auf die Abstrahlung von elektrischen und magnetischen Feldern verhalten sich Bus-Installationen ganz ähnlich wie konventionelle Installationen.

5. Photovoltaik

Um den Stromverbrauch aus dem öffentlichen Netz zu reduzieren oder um vielleicht sogar völlig netzunabhängig zu sein, werden in zunehmendem Maße die Möglichkeiten der solaren Stromversorgung mit Solarzellen genutzt. Mittlerweile liegen erste Erfahrungen vor:

• *Solare netzunabhängige Stromversorgungsanlagen* mit Akkus als Stromspeicher können Kleinverbraucher und Einfamilienhäuser fast das ganze Jahr hindurch autonom mit Solarstrom versorgen, was allerdings mit hohen Kosten verbunden ist.

• *Netzgekoppelten Photovoltaikanlagen* liefern den solar erzeugten Strom in das öffentliche Versorgungsnetz und reduzieren damit die eigene Stromrechnung.

Autonome Stromversorgungsanlagen: Die Solarpanele liefern systembedingt 12 bis 24 Volt Gleichstrom. Wer eine netzunabhängige Stromversorgung aufbauen will, braucht Akkus als Stromspeicher und wird die Hausinstallation deshalb am einfachsten auf 12 oder 24 Volt Gleichspannung umstellen, wie das auch im Auto der Fall ist. Wird der Strom nur für Beleuchtungszwecke und andere Kleinverbraucher benötigt, ist diese Lösung durchaus empfehlenswert. Geräte mit höherer Leistung – sofern sie überhaupt für 12/24 Volt Gleichspannung gebaut werden – nehmen dagegen bei den niedrigen Spannungen enorm hohe Ströme auf, so daß diese Lösung auch unter dem Aspekt der feldarmen Elektroinstallation problematisch ist. Denn mit steigendem Strom wird auch die Intensität des Magnetfeldes größer, das nicht abgeschirmt werden kann. Außerdem wären sehr große Leitungsquerschnitte erforderlich. Um diese Nachteile zu vermeiden, wird der Solarstrom mittels Wechselrichter in 230 Volt Wechselspannung umgewandelt, so daß die normalen Geräte angeschlossen werden können.

In *netzgekoppelten Solarstromanlagen* (Photovoltaik-Anlagen) wird der erzeugte Gleichstrom ohne Zwischenspeicherung mittels Wechselrichter in 50-Hertz-Wechselstrom umgewandelt und in das 230-Volt-Stromversorgungsnetz eingespeist. Abgesehen davon, daß das Stromversorgungsunternehmen einen Rückspeisezähler neben dem üblichen Stromzähler (Bezugszähler) einbaut, ergeben sich bei der Hausinstallation keine Veränderungen. Es ist jedoch sinnvoll, vor dem Einbau einer Photovoltaikanlage zu prüfen, wie weit der eigene Stromverbrauch durch Stromsparmaßnahmen, vor allem durch effizientere Elektrogeräte, gesenkt werden kann. Wechselrichter erzeugen sehr starke elektrische und magnetische Felder und sollten daher in großem Abstand zu Ruhezonen installiert werden.

6. Bezug und Kosten

Die Materialpreise abgeschirmter Kabel liegen um 100 bis 200% über den Kosten der üblichen Elektrokabel. In vielen Fällen kann dieser Mehrpreis durch eine zurückhaltende Elektroinstallation ausgeglichen werden. Bei einer abgeschirmten Installation ist wichtig, daß auch die Verteilerdosen, Lampenauslässe und Steckdosen in die Abschirmung einbezogen werden. Einfacher und billiger ist ein Netzfreischalter für einzelne Stromkreise, der sich obendrein auch nachträglich installieren läßt.

In Tabelle 4.3 sind die Kosten für häufig gebrauchtes Installationsmaterial zusammengestellt. Ein Netzfreischalter (gutes Markenfabrikat, z.B. BIOLOGA oder ENDOTRONIC) kostet etwa 250 bis 300 DM. Eine TRUE-LITE-Röhre mit 40 Watt kostet ca. 60 DM, ein elektronisches Vorschaltgerät für Leuchtstoffröhren um die 100 DM. Letzteres liefert nicht nur ein ein sehr viel ruhigeres Licht, sondern erhöht auch die Lichtausbeute und verlängert die Lebensdauer der Röhre. Diese Installationsmaterialien sind in gut sortierten Elektrohandlungen und in manchen Bio-Baustoffläden erhältlich.

Kosten von Installationsmaterial		
	normal	abgeschirmt
Kabel NYM 3 x 1,5	1,10 DM/m	3,00 DM/m
Kabel NYM 3 x 2,5	1,80 DM/m	3,30 DM/m
Kabel NYM 5 x 1,5	1,50 DM/m	3,60 DM/m
Kabel NYM 5 x 2,5	2,60 DM/m	4,50 DM/m
Abzweigdose u. Putz	1,40 DM	8,80 DM
Hohlwanddose	3,00 DM	11,20 DM
Deckel dazu	1,00 DM	3,80 DM
Abzweigkasten	6,90 DM	19,80 DM
Netzfreischalter	250 - 300 DM	
Truelite-Leuchtstoffröhre	60 DM	
Elektron. Vorschaltgerät	100 DM	

Tabelle 4.3
Kosten für Elektro-Installationsmaterial.

5. Elektrogeräte

Bis in die 60er Jahre gehörten zur elektrischen Standard-Ausstattung von Wohnhäusern für jedes Zimmer ein einzelner Ein-Aus-Schalter an der Tür, 3 Steckdosen an den Wänden und ein Lampenauslaß an der Decke. Die Ansprüche an die Ausstattung sind in den vergangenen 30 bis 40 Jahren enorm gestiegen und damit auch der Stromverbrauch.

Ursache für diese Steigerung ist nicht so sehr ein höherer Lichtbedarf in der Wohnung und am Arbeitsplatz, sondern vor allem die größere Zahl von Elektrogeräten im Haus. Ob bei der Arbeit oder in der Freizeit, die Vielzahl nützlicher und weniger nützlicher Geräte verursacht auch erhebliche Belastungen aufgrund der von ihnen ausgehenden elektrischen oder magnetischen Felder. Durch sparsamen Einsatz und aufmerksamen Umgang mit den Geräten können nicht nur diese Risiken minimiert, sondern auch der Stromverbrauch erheblich reduziert werden.

1. Beleuchtung

Im Hinblick auf die Wohnqualität sind bei der Wahl der Beleuchtung die Lichtfarbe und die Lichtwirkung von entscheidender Bedeutung; der Energieverbrauch spielt erst an zweiter Stelle eine Rolle.

Farbe und spektrale Verteilung des Lichts sind sehr stark vom Lampentyp abhängig.

Konventionelle *Glühlampen und Halogenglühlampen* haben ein kontinuierliches Lichtspektrum mit hohem Gelb-Rot-Anteil und erzeugen damit ein zum Abend passendes Licht, das der Farbe des Sonnenuntergangs ähnlich ist.

Leuchtstoffröhren und Energiesparlampen sind wegen ihres günstigen Energieverbrauchs überall dort sinnvoll, wo für längere Zeit und/oder mit hoher Intensität beleuchtet werden muß. Sie haben allerdings ein sehr unvollständiges Lichtspektrum und geben Farben dadurch zum Teil verfälscht wieder. Deshalb sind in Daueraufenthalts- oder Arbeitsbereichen möglichst nur Leuchtstoffröhren mit Tageslichtspektrum einzusetzen. Um das nicht sichtbare, vom Auge aber wahrgenommene stroboskopartige Flackern der Lampen zu vermeiden (pro Sekunde wird die Gasfüllung bei konventionellen Vorschaltgeräten im Takt der Netzfrequenz 50 mal gezündet), sind elektronische Vorschaltgeräte (EVG) zu bevorzugen, die mit wesentlich höheren, für das Auge nicht mehr wahrnehmbaren Schaltfrequenzen (ca. 30 kHz) arbeiten. Wegen der Abstrahlung hochfrequenter Felder haben Leuchtstoffröhren, auch in der Form von Energiesparlampen, nichts im Daueraufenthaltsbereich von Wohn- oder Schlafräumen zu suchen. Für wenig genutzte Dunkelzonen im Haus, für die eine Dauerbeleuchtung notwendig ist (Flure), ist der Einsatz vertretbar. Wegen der Abstrahlung hochfrequenter Felder (bei Lampen mit elektronischem Vorschaltgerät) sollte ein Mindestabstand von etwa 2 m zum Kopf der Raumnutzer eingehalten werden. Der Abfall durch diese Lampen (Schwermetalle und Elektronikschrott) ist inzwischen beträchtlich!

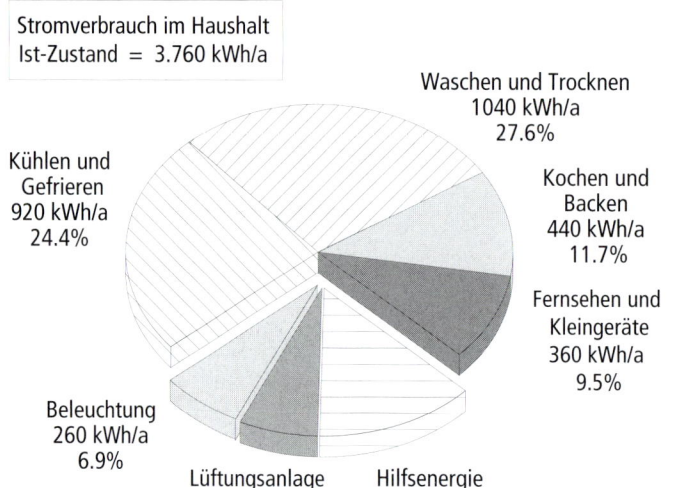

Stromverbrauch im Haushalt
Ist-Zustand = 3.760 kWh/a

Waschen und Trocknen
1040 kWh/a
27.6%

Kühlen und
Gefrieren
920 kWh/a
24.4%

Kochen und
Backen
440 kWh/a
11.7%

Fernsehen und
Kleingeräte
360 kWh/a
9.5%

Beleuchtung
260 kWh/a
6.9%

Lüftungsanlage
250 kWh/a
6.6%

Hilfsenergie
500 kWh/a
13.3%

5.1
Aufteilung des Stromverbrauchs im Haushalt nach Verbrauchergruppen.
Quelle [29]

Empfehlung

Insgesamt liegt der Stromverbrauch für Beleuchtung bei rund 7% des gesamten Stromverbrauchs im Privathaushalt. Daher erscheint es wenig sinnvoll, für die Beleuchtung von Daueraufenthaltsplätzen Energiesparlampen oder Leuchtstoffröhren einzusetzen, weil dadurch erhebliche Qualitätsmängel bei der Beleuchtung sowie Feldbelastungen in Kauf genommen werden müssen. Die Gesundheit hat Vorrang vor Sparmaßnahmen.

Tabelle 5.1
Durchschnittlicher jährlicher Stromverbrauch in Haushalten verschiedener Größe.
Quelle [25]

Durchschnittlicher jährlicher Stromverbrauch im Haushalt	
Einpersonen - Haushalt	etwa 1600 kWh
Zweipersonen - Haushalt	etwa 2800 kWh
Dreipersonen - Haushalt	etwa 3900 kWh
Vierpersonen - Haushalt	etwa 4500 kWh
Haushalt mit 5 oder mehr Pers.	etwa 5300 kWh
Quelle: VDEW	

Das Stromsparpotential für Beleuchtung im Haushalt ist verhältnismäßig gering, so daß die Beleuchtung vorrangig nach sinnlichen Qualitäten ausgewählt werden sollte. In einer vergleichenden Gesamtbewertung der verschiedenen Lampentypen sprechen viele Argumente für die Glühbirne.

Glühlampen

Die Glühlampe ist nichts weiter als ein gasgefüllter Glaskolben, in dem eine Wendel aus hochtemperaturbeständigem Widerstandsdraht durch elektrischen Strom zu hellem Glühen gebracht wird. Das so erzeugte Licht hat aufgrund der Temperatur der Wendel von ca. 2000 K einen hohen Gelb-Rot-Anteil. Das elektrische oder magnetische Feld der Glühlampe unterscheidet sich nicht von dem einer ungeschirmten Zuleitung und kann als relativ gering bezeichnet werden.
Es gibt heute viele Varianten der birnenförmigen Glühlampe, z.B. andere Umrißformen (Pilz, Parabol etc.), besondere Gasfüllungen (Krypton, Beimischung von Halogenen) und Sonderausführungen mit Verspiegelung (Strahler, Kopfspiegellampen etc.).

5.2
Spektrale Zusammen-
setzung verschiedener
Lichtarten bzw. Licht-
quellen.   Quelle [10]

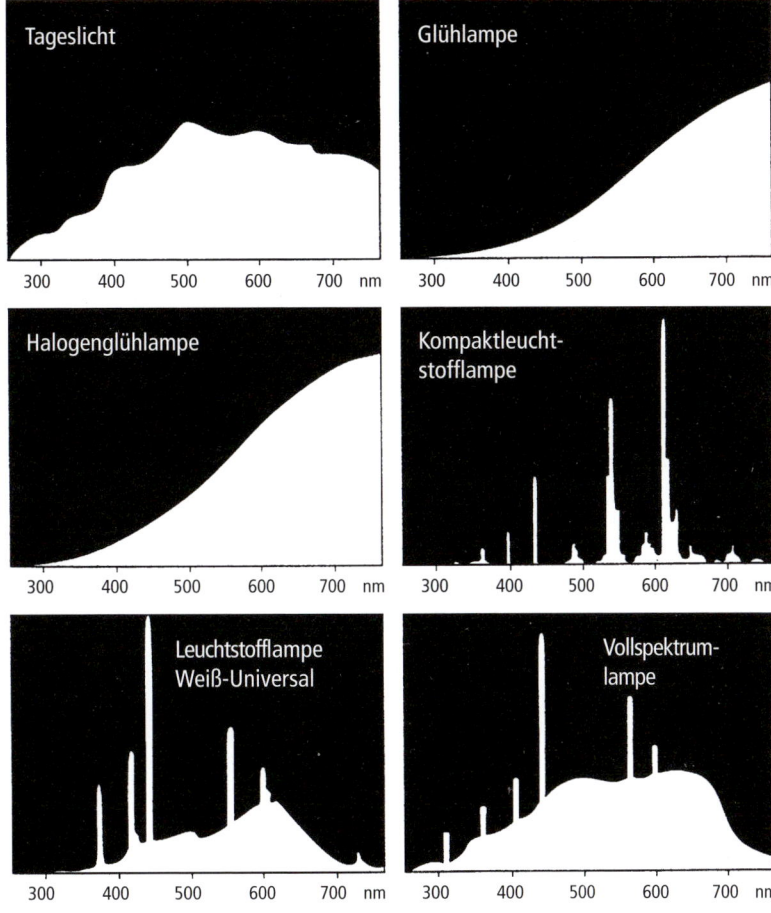

Tageslicht	Glühlampe
Halogenglühlampe	Kompaktleucht-stofflampe
Leuchtstofflampe Weiß-Universal	Vollspektrum-lampe

Empfehlung
Glühlampen sind überall gut einsetzbar; die
Lichtqualität ist abhängig von der Lampen-
form und kann vielfältigen Bedürfnissen angepaßt werden.

Halogenlampen

Die Halogenlampe ist ebenfalls eine Glühlampe mit dem einzigen Unterschied, daß
der Glühfaden eine sehr viel höhere Temperatur erreicht. Dies wird dadurch möglich,
daß der Glaskörper aus Quarzglas gefertigt
und mit Halogen- und Edelgas gefüllt wird,
wodurch er die hohen Temperaturen ver-
trägt. Im Gegensatz zu normalem Glas läßt
Quarzglas UV-Licht ungehindert durch, so

daß Halogenlampen auch UV-Licht abstrahlen. Ist die Beleuchtung auf Menschen ge-
richtet, wie z.B. bei Schreibtischlampen,
sollten daher spezielle Halogenlampen mit
einer Glashülle eingesetzt werden, die den
UV-Anteil absorbieren.
Halogenlampen für die Netzspannung von
230 Volt sind heute im Leistungsbereich von
40 bis 500 Watt erhältlich. Sie sind erheblich teurer als die üblichen Glühbirnen und
kommen besonders dort zum Einsatz, wo
hohe Leuchtkraft oder besonders weißes
Licht gebraucht wird.
Niedervolt-Halogenlampen mit 12 Volt
Nennspannung werden hauptsächlich mit
kleineren Leistungen zwischen 10 und 50

Anforderungen an Ausstattungswert

	1 ★	2 ★★	3 ★★★
	vorgeschriebene Mindestausstattung	empfohlene Standardausstattung	moderne Komfortausstattung

Verteiler / **Stromkreise**

Legende Symbole:
- ⌐ Schutzkontaktsteckdose
- × Leuchte, allgemein
- ⌐⌐ Fernmeldesteckdose
- ⌐ Antennensteckdose

Stromkreise (Spalte 2 / 3): Küche · Hausarbeitsraum · Wohnzimmer · Zweibettzimmer · Einbettzimmer · Bad, WC, Flur, Freisitz · Herd (Kochplatten) · Backofen/Grillgerät · Geschirrspülmaschine · Kochendwassergerät · Waschmaschine · Wäschetrockner · Elektrogerät, allgemein · Bügelmaschine · Heißwassergerät

Stromkreise (Spalte 1): Küche · Wohnzimmer · Bad, WC, Flur, Freisitz · Herd (Kochplatten) · Geschirrspülmaschine · Waschmaschine

Raum		1 ⌐	1 ×	1 ⌐⌐	1 ⌐	2 ⌐	2 ×	2 ⌐⌐	2 ⌐	3 ⌐	3 ×	3 ⌐⌐	3 ⌐
Wohnzimmer	ohne Eßplatz	4	1	1	1	8	2	1	2	≥10	2	1	2
	mit Eßplatz	5	2			10	3			≥12	4		
Eßplatz-/raum	≤ 8 m²	2	1	–	–	4	1	–	–	≥5	2	–	1
	> 8 ≤ 12 m²	3	1			6	1			≥7	2		
	>12 ≤ 20 m²	4	1			8	2			≥10	3		
Küche	ohne Imbißplatz	6	2	–	–	10	3	–	–	≥12	≥4	1	1
	mit Imbißplatz	7	3			12	4			≥15	≥5		
Hausarbeitsraum		7	1	–	–	9	2	–	–	≥11	3	–	–
1- oder 2-Bettzimmer Eltern/Kinder	≤ 8 m²	3	1	–	1	5	1	–	1	≥6	2	1	1
	> 8 ≤ 12 m²	4	1			7	1			≥8	2		
	>12 ≤ 20 m²	5	1			9	2	1	1	≥11	3	1	2
Bad		3	2	–	–	4	3	–	–	≥5	4	–	–
WC		1	1	–	–	1	1	–	–	≥2	2	–	–
Flur/Diele	≤ 2,5 m²	1	1	–	–	1	2	1	–	≥2	3	1	–
	> 2,5 m²	1	1			2	2			≥3	3		
Loggia/Balkon/Freisitz	Länge ≤ 3 m	1	0	–	–	1	0	–	–	≥2	1	–	–
	Länge > 3 m	1	0			2	1			≥3	2		
Terrasse		1	1	–	–	2	1	–	–	≥3	2	–	–

Watt, dafür aber in größerer Zahl eingesetzt. Sie müssen stets über einen Transformator an das Netz (230 Volt) angeschlossen werden.

Problematisch sind die modischen Beleuchtungssysteme mit Niedervoltlampen und freigespannten Zuleitungen, da die mit 10 bis 20 cm Abstand verspannten Leitungen aufgrund der hohen Ströme starke magnetische Felder erzeugen. Die Werte können um das Hundertfache über den Feldstärken liegen, die von Zuleitungen für normale Glühlampen ausgehen. Die magnetischen Felder belasten auch die Räume im darüberliegenden Geschoß, da das Magnetfeld ungehindert die Decke durchdringt.

Die Gefahr eines Stromschlages beim Berühren der nicht isolierten, stromführenden Drähte besteht angesichts der geringen Spannung von 12 oder 24 Volt nicht; es gibt allerdings einige weitere Risiken:

- Die Halogenstrahler sind oftmals nicht besonders stabil befestigt. Fallen die Lampen z.B. durch Erschütterung, Stoß etc. ab, kann es aufgrund der hohen Temperaturen (der Lampenkolben erreicht ca. 600°C, Reflektor und Lampenschirm werden etwa 100°C heiß) zu Verbrennungen oder Brandschäden an Einrichtungsgegenständen kommen. Auch ein Berühren der eingeschalteten Lampen ist wegen der hohen Temperaturen nicht anzuraten.
- Berühren sich die nicht isolierten Leitungen, entsteht ein Kurzschluß. Durch den hohen Stromfluß erhitzen sich die Seile u.U. bis zur Rotglut und können, sofern die Sicherung nicht auslöst, einen Brand verursachen.

Tabelle 5.2
Anforderungen an die Elektroinstallation und Ausstattungshinweise.
Quelle [27]

- Der Transformator muß auf die Anzahl der angeschlossenen Lampen ausgelegt sein. Werden Lampen mit zu hoher Leistung angeschlossen, wird der Trafo überlastet. Elektronische Transformatoren erzeugen zwar eine recht konstante Ausgangsspannung, erzeugen dafür aber unerwünschte hochfrequente Felder.

Empfehlung
Halogenlampen mit 230 Volt nur im Arbeitsbereich verwenden, auf Niedervolt-Halogenlampen mit eingebauten Transformatoren im Wohnbereich verzichten. Niedervolt-Seilsysteme nur sparsam einsetzen, Leitungen nur verdrillt einbauen, Transformatoren von Daueraufenthaltsplätzen fernhalten.

Transformator

Transformatoren zum Umsetzen der Netzspannung nach 12 oder 24 Volt gibt es in 2 Ausführungen, als 50-Hz-Netztransformatoren mit schwerem Eisenkern und als kleine, relativ leichte „elektronische Trafos", bei denen die Netzspannung in einem Schaltnetzteil mittels Hochfrequenz von ungefähr 30 kHz umgewandelt wird.

50-Hz-Transformatoren geben ein starkes magnetisches Wechselfeld ab, das mit der Entfernung schnell abnimmt. Eine Sonderausführung des 50-Hz-Transformators, der Ringkerntransformator, zeichnet sich – neben einem guten Wirkungsgrad – durch eine besonders geringe magnetische Abstrahlung aus. Bei Transformatoren für Spielzeugeisenbahnen konnten in 10 cm Entfernung bis zu 20 Mikro-Tesla gemessen werden.

Die elektronischen Trafos haben manche Vorteile: sie sind sehr kompakt, die Ausgangsspannung ist mit einfachen Mitteln regelbar und der Wirkungsgrad recht hoch, d.h. sie erwärmen sich weniger als herkömmliche Trafos. Da sie hochfrequente Felder verbreiten, sollten sie allerdings nicht in der Nähe von Schlafplätzen usw. montiert

Moderne Lichtquellen im Vergleich							
Leuchtmittel	Anwendung	Lichtausbeute	Lebens-dauer	Farbspektrum	Betriebs-aufwand	Abfall-belastung	Preise DM
Konventionelle Glühlampe	Wohn- und Arbeitsräume	gering, hoher Wärmeverlust	gering 1000 bis 2000 Std.	kontinuierlich, stärkerer Gelb-Rot-Anteil	gering, keine Vorschalt-geräte, übliche Fassung	mäßig (Schwer-metalle)	1,- bis 2,50
Glühlampe Merkur Extra	Wohn- und Arbeitsräume	etwas geringer als bei konven-tionellen Glühlampen	lang 5000 Std.	kontinuierlich, stärkerer Gelb-Rot-Anteil	gering, keine Vorschaltgeräte, übliche Fassung	mäßig (Schwer-metalle)	2,- bis 2,50
Halogen-glühlampe Niedervolt (12 V)	Dekoration, Effekte, Punkt-beleuchtung	gering, aber deutlich höher als bei konven-tionellen Glühlampen	mäßig (2000 Std.)	kontinuierlich, stärkerer Gelb-Rot-Anteil	mittel, Trans-formator von 230 auf 12 V nötig, keine Standardfass., kein Zündgerät o.ä. notwendig	mäßig (Schwer-metalle)	5,- bis 6,- 17,- 21,- mit Kalt-licht-spiegel
Halogen-glühlampe für Netzspannung (230 V)	Wohn- und Arbeitsräume	gering, aber deutlich höher als bei konven-tionellen Glühlampen	mäßig 2000 Std.	kontinuierlich, stärkerer Gelb-Rot-Anteil	gering, keine Vorschaltgeräte notwendig, übliche Schraubfassung	mäßig (Schwer-metalle)	12,- bis 22,-
Biolux Leuchtstoff-lampe	Arbeitsräume, Lichttherapie	groß	lang	rel. vollständiges Spektrum mit starken Banden, weniger bläulich als Tageslicht, geringer UVA- und UVB-Anteil	groß, spezielle Vorschaltgeräte notwendig	sehr groß, zahl-reiche Gift-stoffe; Elektro-nik-schrott, Sondermüll!	30,- bis 37,- (ohne Vorschalt-gerät)
Truelite Leuchtstoff-lampe	Arbeitsräume, Lichttherapie	groß	lang	rel. vollständiges Spektrum m. starken Banden, mit Tageslicht vergleichb. UVA- und UVB-Anteil	groß, spezielle Vorschaltgeräte notwendig	sehr groß, zahlreiche Gift-stoffe, Elektro-nikschrott, Sondermüll	50,- bis 65,- (ohne Vorschalt-gerät)
Kompakleucht-stofflampe, Energiespar-lampe	Flure, Lager, Keller (sonst nicht zu emp-fehlen)	groß	lang 5000 bis 8000 Std.	sehr unvollstän-diges Linienspek-trum, schwache Farbwiedergabe	groß, spezielle Vorschaltgeräte sind eingebaut, übliche Fassung	sehr groß, viele Giftstoffe; Elektronik-schrott, Son-dermüll!	19,- bis 45,-
Quecksilber-dampflampe HQL oder MHN	Arbeitsräume, Schaufenster, Empfangs-hallen	groß	lang 5000 Std.	unvollständiges Linienspektrum, schwache Farbwiedergabe	groß, spezielle Vor-schaltgeräte erforderlich, z.T. eingebaut	sehr groß, viele Giftstoffe. Elektronik-schrott, Sondermüll!	95,- bis 155,-

werden. Die hochfrequente Strahlung ist bedeutend weitreichender als die niederfrequenten Felder.

Empfehlung
Auf Transformatoren möglichst verzichten –
sonst Abstand halten.

Leuchtstofflampen und Energiesparlampen

Anders als bei den Glühlampen wird bei
Leuchtstofflampen ein Gasgemisch, das u.a.
Quecksilber enthält, elektronisch gezündet
und zum Leuchten gebracht. Eine Leuchtstoffröhre enthält zwischen 4 bis 5 mg
Quecksilber. Die für diese Lampen notwendigen Vorschaltgeräte haben ähnliche Auswirkungen wie Transformatoren: die 50-Hz-
Vorschaltgeräte verbreiten ein relativ starkes
niederfrequentes magnetisches Streufeld,
während die neueren elektronischen Vorschaltgeräte (EVG) mit Hochfrequenz arbeiten und elektromagnetische Strahlung abgeben.
Energiesparlampen sind nichts anderes als
eine verkleinerte Ausführung der Leuchtstoffröhren. Die älteren schweren Baufor-
men sind mit konventionellen Vorschaltgeräten, sogenannten Drosseln, ausgerüstet.
Die neuen Typen hingegen arbeiten durchweg mit elektronischen Vorschaltgeräten.
Die Lichtausbeute ist bei Leuchtstoffröhren
und Energiesparlampen etwa vier- bis sechs-
mal höher als bei Glühlampen, d.h. mit geringen Leistungen (in Watt) können hohe
Beleuchtungsstärken (in Lux) erzeugt werden. Aus diesem Grunde werden Leuchtstofflampen eingesetzt, wenn dunkle Räume, innenliegende Flure usw. bereits während des Tages beleuchtet werden müssen.

Tabelle 5.3
Moderne Lichtquellen im Vergleich.
Quelle [10]

5.3: Baulampe

Leuchtstofflampen werden bevorzugt in Ar-
beitsstätten, Kaufhäusern, Schulen, Verwal-
tungsgebäuden usw. eingesetzt.
Die Lichtqualität bei den üblichen Leuchtstoffröhren ist relativ schlecht, das Lichtspektrum unausgeglichen. Nur sogenannte
Vollspektrumleuchten, z.B. der Firma TRUE-
LITE, erzeugen ein Spektrum, das dem Tages-
licht ähnlich ist (siehe Abb. 5.2). Mit einem
50-Hz-Vorschaltgerät betrieben flimmern die
Lampen sichtbar im 50-Hz-Rhythmus. Dieser Nachteil kann durch den Einsatz elektronischer Vorschaltgeräte (EVG) vermieden
werden, die dafür aber ein hochfrequentes
Wechselfeld (20 bis 30 kHz) verbreiten. Seit
1998 sind EVG's erhältlich (Fa. Arkanum,
Frankfurt), die mit Gleichstrom arbeiten.
Das abgestrahlte Gleichfeld ist weniger problematisch

Empfehlung
Leuchtstofflampen im Wohnbereich vermeiden; es ist besser, gerichtetes Licht mit
Glühlampen zu erzeugen und die Beleuchtung durch spezielle Lampenkörper zu gestalten.

5.4 Schreibtischlampe

Dimmer

Dimmer sind elektronische Regler zur Hellig-keitsregelung von Glüh- und Leuchtstofflam-pen. Eingeschaltet verursachen sie nicht nur niederfrequente, sondern z.T. auch hochfre-quente Felder. Wenn sie in Verbindung mit Netzfreischaltern betrieben werden, ist oben-drein mit Funktionsstörungen zu rechnen.

Empfehlung
In Schlafräumen sollen Dimmer nicht einge-setzt werden.

Bewegungsmelder

Bewegungsmelder reagieren in der Regel auf die Wärmestrahlung (Infrarot-Strahlung), die von Menschen, Tieren und Autos aus-geht. In Bezug auf schädliche Felder sind sie mit normalen Lampen oder Schaltern ver-gleichbar und daher als risikolos einzustu-fen. Sie bedürfen allerdings einer dauern-den Stromversorgung und sollten daher nicht in einem Stromkreis mit Netzfrei-schalter installiert werden.

Schadstoffe in Lampen

Lampen tragen durch die eingestetzten Ma-terialien und die mit ihrer Herstellung und Entsorgung verbundenen Schadstoffemis-sionen sowie durch ihren Energieverbrauch zur Umweltbelastung bei. Leuchtstofflam-pen (wegen des Quecksilbergehaltes) und PCB-haltige Kondensatoren sind besonders belastend (PCB = polychlorierte Biphenyle). Die üblichen Leuchtstofflampen enthalten zwischen 5 und 15 mg Quecksilber, Energie-sparlampen, sogenannte Kompaktleucht-stofflampen, ca. 6 mg. Ausgediente Leucht-stofflampen gehören daher in den Sonder-müll (an den Sammelstellen der Gemeinde abgeben!). Sofern sie nicht direkt auf einer Sondermülldeponie landen, können Queck-silber, Leuchtstoffe und Glas in einer Recyc-linganlage wiederverwertet werden. Zwei-teilige Kompaktleuchtstofflampen, bei de-nen die Lampe vom Vorschaltgerät (Adap-ter) getrennt und ausgewechselt werden kann, tragen zur Vermeidung von Elektro-nikmüll bei.
Leuchtstofflampen benötigen sogenannte Kondensatoren zur Zündung und zum Be-trieb. Bis 1982 wurden Kondensatoren ge-baut, die das billige, aber hochgiftige PCB enthielten. Besonders gefährlich sind diese Kondensatoren im Brandfall, da aus poly-chlorierten Biphenylen Dioxine und Furane entstehen können. PCB-haltige Kondensato-ren sind mit einem Aufdruck wie CD, DC, Cp, A30 und A40 gekennzeichnet. Solche Kondensatoren sollten durch PCB-freie Ty-pen ersetzt werden. Wenn ein PCB-haltiger Kondensator undicht geworden ist (unter Umständen erkennbar an gelblichen Tropf-flecken in der Lampenabdeckung), ist damit zu rechnen, daß auch die Raumluft mit gifti-gen, PCB-haltigen Dämpfen belastet ist. Dies kann ggf. mittels Luftschadstoffmessung kontrolliert werden.

2. Haushaltsgeräte

Der moderne Haushalt ist heute mit einer
Fülle von Elektrogeräten ausgestattet, ohne
die wir unseren Alltag kaum noch bewälti-
gen könnten. Ob Elektroherd, Kühlschrank,
Waschmaschine oder Geschirrspülmaschine, im modernen Haushalt geht ohne elektrische Energie so gut wie nichts mehr. Aber
gerade bei den vielen unbemerkt und selbstverständlich eingesetzten Geräten lohnt sich
eine kritische Überprüfung ihres Nutzens,
der Betriebweise, des Aufstellungsortes und
der Betriebszeit. Es geht nicht nur darum,
Energie zu sparen, was bei einem Großver-
braucher wie der Waschmaschine zweifellos
sehr lohnend sein kann: Hier konnte der
Strom- und Wasserverbrauch marktüblicher
Geräte in den letzten 8 Jahren um durchschnittlich 55% gesenkt werden.
Seit 1998 müssen beim Verkauf von Haushaltsgeräten (Kühlschränke, Gefriergeräte,
Waschmaschienen und Wäschetrocknern)
Etiketten über den Stromverbrauch informieren. Bei der Auszeichnung ist sowohl
eine Energieklasse zwischen A (geringer
Verbauch) und G (sehr hoher Verbrauch) als
auch der jährliche Energieverbrauch in Kilo-
wattstunden anzugeben. Ein Ratgeber der
Verbraucherverbände informiert über beson-
ders energiesparende Geräte (erhältlich zum
Preis von 7 DM bei: Verbraucherzentrale
Bayern, Mozartstr. 9, 80336 München).
Bei der Risikobewertung von Klein- und
Großgeräten im Haushalt hinsichtlich schäd-
licher elektrischer und magnetischer Felder
sind vor allem zwei Aspekte von Bedeutung:

• Der Abstand des Gerätes zum menschlichen Körper, besonders der Abstand zum
  Kopf.
• Die Betriebsdauer oder besser die sogenannte Expositionsdauer pro Tag.

Der Raum, der die größte Anzahl elektrischer Geräte enthält, ist heute gewöhnlich

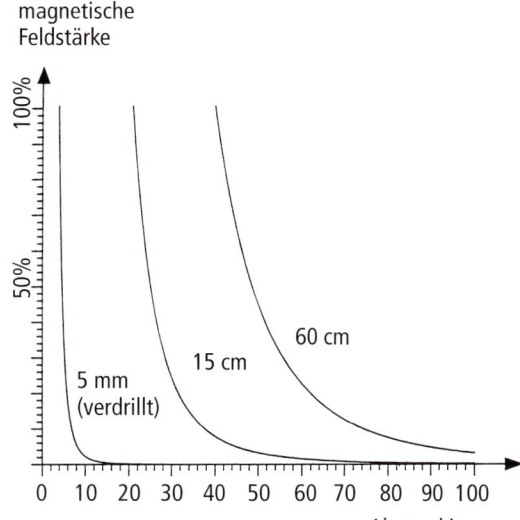

5.5
Magnetfelder von Halogenlampenkabeln bei
verschiedenen Abständen.   Quelle [2]

die Küche. Der elektrische Anschlußwert aller dort versammelten Geräte beträgt oft 20
bis 30 kW.

Elektroherd

Die im Elektroherd zur Wärmeerzeugung
eingesetzten Strommengen sind beträchtlich, so daß der eingeschaltete Herd und seine Zuleitungen ein starkes elektrisches und
magnetisches Feld verbreiten. Bei einer Auf-
enthaltsdauer in der Nähe des Herdes von 1
bis 2 Stunden täglich erscheint die Belastung, die vor allem den Unterleib trifft,
nicht zu vernachlässigen.
Eine Variante des üblichen Elektroherdes ist
der sogenannte Induktionsherd. Dieser Herd
erzeugt ein sehr starkes hochfrequentes
elektromagnetisches Wechselfeld. Von seinem Einsatz ist abzuraten.

Empfehlung
Möglichst Gas- oder Holzherd zum Kochen
verwenden. Bei Elektroherden die Aufent-

haltsdauer auf das Mindeste beschränken; zu Ruhezonen mindestens 2 m Abstand halten.

Mikrowellenherd

Im Mikrowellenherd wird hochfrequente Strahlung (Wellenlänge im Zentimeterbereich) künstlich erzeugt. Mit einer Strahlung im Frequenzbereich um 2 GHz können Wassermoleküle in molekulare Schwingungen versetzt werden, wobei durch innere Reibung eine Erwärmung des Wasser bewirkt wird. Da die Lebensmittel durchweg viel Wasser enthalten, werden sie im Mikrowellenherd sehr schnell und von innen nach außen aufgewärmt. Die Mikrowelle dringt ca. 2 bis 10 cm in die Lebensmittel ein, wobei wasserhaltige Stellen stärker erwärmt werden als trockenere. Durch ein metallisches, strahlungsdichtes Gehäuse werden die Mikrowellen daran gehindert, nach außen zu gelangen. Eine Schwachstelle bei solchen Konstruktionen sind die Türdichtungen. Durch verkrustete Stellen und Deformierung der Dichtungen entstehen Undichtigkeiten, durch die Leckstrahlung austreten kann. Die Dichtungen sind daher laufend zu kontrollieren

Empfehlung
Auf einen Mikrowellenherd möglichst verzichten. Falls das nicht möglich zu sein scheint, das Gerät einmal im Jahr auf Leckstrahlung überprüfen lassen. Im eingeschalteten Zustand 2 m Abstand halten.

Kühlschrank/Gefriertruhen

In Kühlgeräten treibt ein Elektromotor mit 150 bis 250 Watt Leistungsaufnahme den Verdichter im Kältemittelkreislauf an. Dieser Motor, der ein magnetisches Wechselfeld verbreitet, hat – unabhängig von der Tageszeit – je nach Raumtemperatur und Güte der Kühlschrankisolierung eine Einschaltdauer von 10 bis 40%, d.h. er ist pro Stunde 6 bis 24 Minuten in Betrieb.

Empfehlung
Kühlgeräte sollten aus diesem Grunde eher an Außenwänden aufgestellt werden, die Gefriertruhe im Keller oder in einem Nebengebäude. Gaskühlschränke aus dem Campingbedarf sind meist zu klein und nutzen

Tabelle 5.4
Beitrag einzelner Geräte zum Gesamtstromverbrauch. Quelle [25]

	Beitrag einzelner Geräte zum Stromverbrauch im Haushalt			
	Ein-Personen-Haushalt	Zwei-Personen-Haushalt	Drei-Personen-Haushalt	Vier-Personen-Haushalt
Beleuchtung	150 kWh/a	250 kWh/a	320 kWh/a	380 kWh/a
Elektroherd	210 kWh/a	410 kWh/a	470 kWh/a	590 kWh/a
Kühlschrank	350 kWh/a	390 kWh/a	440 kWh/a	530 kWh/a
Gefriergerät	280 kWh/a	470 kWh/a	570 kWh/a	780 kWh/a
Waschmaschine	100 kWh/a	190 kWh/a	280 kWh/a	380 kWh/a
Wäschetrockner	100 kWh/a	170 kWh/a	270 kWh/a	370 kWh/a
Warmes Wasser -für Bad	340 kWh/a	710 kWh/a	1020 kWh/a	1300 kWh/a
-für Küche	60 kWh/a	80 kWh/a	100 kWh/a	120 kWh/a
Geschirrspüler	100 kWh/a	210 kWh/a	280 kWh/a	380 kWh/a
Fernseher	100 kWh/a	130 kWh/a	170 kWh/a	220 kWh/a
Hilfsgeräte f. Zentral- / Etagenheiz.	350 kWh/a	400 kWh/a	450 kWh/a	500 kWh/a
Kleingeräte	290 kWh/a	450 kWh/a	520 kWh/a	600 kWh/a

gehende Belastung für die Gesundheit als nicht besonders eingeschätzt. Ausnahmen (z.B. Dosenöffner) bestätigen die Regel.

Empfehlung
Soweit vertretbar, Ersatz der Elektrogeräte durch Handgeräte, z.B. Handdosenöffner, Kaffeemühle mit Mahlwerk, Handquirl, Brotmesser, mechanischer Eisbereiter usw.

Staubsauger

Staubsauger sind aufgrund der starken Motoren im eingeschalteten Zustand von starken elektromagnetischen Wechselfeldern umgeben. In der Regel ist das Risiko dennoch gering, da die Benutzungszeit relativ kurz ist und der Abstand zum Benutzer bei modernen Standgeräten mit langem Saugschlauch über 2 m liegt. Weitaus problematischer ist oftmals die Belastung der Raumluft durch die Abluft aus dem Staubsauger, welche Feinstaub, Mikroben und andere Schadstoffe enthalten kann.

Stromverbrauch von Haushaltsgeräten				
	im Bestand	durchschnittliche Ausrüstung mit Neugeräten	bei Ausrüstung mit sparsamsten Neugeräten	m. Geräten für energieautarkes Solarhaus[1]
Gerät	kWh/Jahr	kWh/Jahr	kWh/Jahr	kWh/Jahr
Gefriergeräte	450	351 (78%)	212 (47%)	110 (24%)
Elektroherd	410	398 (97%)	369 (90%)	-
Kleingeräte	400	320 (80%)	252 (63%)	155 (39%)
Kühlschrank	360	306 (85%)	216 (60%)	110 (31%)
Wäschetrockner	330	281 (85%)	191 (58%)[2]	-
Beleuchtung	310	301 (97%)	155 (50%)	88 (28%)
Geschirrspüler	310	245 (97%)	229 (74%)	62 (20%)
Waschmaschine	260	218 (84%)	108 (80%)	146 (56%)
TV, Audio	170	124 (73%)	94 (55%)	28 (16%)
Summe	3000 (100%)	2544 (85%)	1926 (64%)	699 (23%)

1) wasserstoffbetriebener Herd, Anbindung der Wasch- und Spülmaschine an die zentrale Warmwasserversorgung, Verzicht auf Wäschetrockner etc.

2) nur zusammen mit einer Waschmaschine mit sehr hoher Schleuderzahl von 1500 U/min (niedrigere Restfeuchte)

Tabelle 5.5 Unterschiede im Stromverbrauch verschiedener Haushaltsgeräte. Quelle [25]

Tabelle 5.6
Feldbelastung
durch Elektroge-
räte bei 50 Hz.
Quelle [2], [23]

Geräte	Magnetfeld μT		Elektr. Feld V/m	Typische Expositions-dauer	Typischer Abstand vom Kopf
	an der Gehäuse-oberfläche	in 30 cm Abstand bis zu	in 30 cm Abstand bis zu		
Hohe Feldbelastung					
Bohrmaschine[1]	800	16		Minuten	klein
Dosenöffner	2000	30		Sekunden	klein
Elektroherd	1000	20	4	evtl. Stunden	mittel
Elektrorasierer	1500	9	100 (1 cm)*	Minuten	sehr klein
Haarfön	2500	7	80	Minuten	sehr klein
Halogenlampe		12 (50 cm)*		Stunden	verschieden
Heizdecke	30		4500 (1 cm)*	Stunden	klein[4]
Heizlüfter	180	40		evtl. Stunden	
Kreissäge[1]	1000	25		Minuten	klein
Lötkolben 325 W	2500			Minuten	klein
Staubsauger	800	20	90	Minuten	mittel
Trockenhaube	2500			Minuten	sehr klein
Mittlere Feldbelastung					
Farbfernseher[1,2,3]	500	4	90	Stunden	
Fußbodenheizung	20	12		viele Stunden	mittel
Handmixer[1]	700	10	100	Minuten	klein
Leuchtstofflampe[1]	400	4		Stunden	verschieden
Mikrowellenherd[1]	200	8		Minuten	verschieden
Stereoanlage Radiowecker[3]		5 (20 cm)*	180	viele Stunden (nachts)	verschieden
Niedrige Feldbelastung					
Bildschirm MPR II [1,2,3]	0.25 (50 cm)		25 (50 cm)	evtl. Stunden	klein
Bügeleisen	30	0,4	120	evtl. Stunden	klein
Glühbirne	10	0,5	5	Stunden	verschieden
Kaffeemaschine	2,5	0,15	30	Minuten	verschieden
Kühlschrank	1,7	0,3	110	evtl. Stunden	verschieden
Toaster	18	0,7	40	Minuten	verschieden

zusätzlich: [1] höherfrequente Anteile, [2] elektrostatisches Feld [3] statisches Magnetfeld [4] bei sehr kleinem Abstand zum Körper. * veränderter Abstand

Die Werte schwanken von Gerät zu Gerät stark; angegeben sind Maximalwerte.

Empfehlung
Feucht wischen; zentrale Staubsaugeranlage mit Abluft nach draußen einbauen.

Nähmaschine
Einige Studien aus dem Arbeitsbereich haben auf die Belastung durch die starken Nähmaschinenmotoren hingewiesen. Wird nur selten genäht, ist diese kurzzeitige Belastung zu vernachlässigen.

3. Hygienegeräte

Kleingeräte
Direkt am Haushaltsstromnetz betriebene Kleingeräte für die Hygiene haben meist ein starkes elektrisches und magnetisches Feld. Für die Risikobewertung entscheidend sind 2 Aspekte:

- der Abstand zum Körper,
- die Expositionsdauer.

Batterie- oder akkubetriebene Kleingeräte haben zwar kein sehr schädliches elektrisches Feld, da sie im Kleinspannungsbereich und mit Gleichspannung (3 bis 12 Volt) betrieben werden, der eingebaute Motor kann aber ein starkes magnetisches Feld erzeugen. Des weiteren sind die dazu notwendigen Ladegeräte mit ihrem eingebauten Transformator problematisch, die häufig permanent mit der Steckdose verbunden bleiben. Damit sind sie Stromverbraucher, welche die Netzfreischaltung des Bades erschweren oder gar verhindern.

Empfehlung
Auf mechanische Geräte ausweichen, z.B. auf Naßrasierer, Handzahnbürste, Handmassage mit Bürsten.

Bräunungsgeräte, Höhensonne, Solarien
Eine Halogenlampe erzeugt eine ultraviolette Strahlung, welche die Haut zur Pigment-

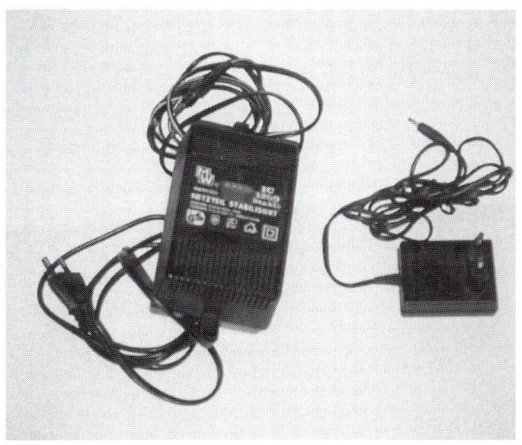

5.6
Größerer und kleiner Transformator im Niederspannungsnetzteil.

bildung anregt und dadurch zur gewünschten Urlaubsbräune führt. Die handelsüblichen Geräte erzeugen vor allem UV-B-Strahlen, bei denen sich ein krebserzeugendes Potential offenbar ausschließen läßt. Durch die Geräte entstehen elektrische und magnetische Felder in erheblichem Umfang: Bei einem Bräunungsgerät wurde in 1 cm Abstand zur Liegefläche ein elektrisches Wechselfeld von 3000 V/m gemessen. Da die Verweildauer bis zu einer Stunde täglich beträgt und sich die Lampen in geringem Abstand zur Körperoberfläche befinden, ist die sich ergebende Belastung hoch. Sind Leuchtstofflampen eingebaut, erzeugen deren Vorschaltgeräte zusätzliche elektromagnetische Felder.

Empfehlung
Die Benutzung dieser Geräte sollte auf therapeutische Fälle beschränkt bleiben (Hautkrankheiten, Winterdepression).

Haarfön, Trockenhaube
Eine Glühwendel im Föhn erhitzt die Luft für das Trocknen der Haare. Ein motorge-

triebenes Flügelrad erzeugt dabei den Luftstrom. Für die Dauer des Haartrocknens strahlt dieser Motor ein starkes magnetisches Feld in unmittelbarer Nähe des Kopfes ab.

Empfehlung
Lufttrocknung, falls nicht möglich, Nutzungszeit so gering wie möglich halten.

4. Geräte zur Wärmeerzeugung

Heizstrahler, Infrarotstrahler
Ähnlich wie bei der Glühlampe wird ein Widerstandsdraht erhitzt, und zwar hier nur bis zur Rotglut, so daß überwiegend infrarote Strahlung (Wärmestrahlung) abgegeben wird. Da diese Geräte ohne Motor, Transformator und Elektronik auskommen und die Einschaltdauer begrenzt ist, tragen sie nicht übermäßig und in der Intensität wie stromführende Leitungen zur Verbreitung niederfrequenter elektrischer und magnetischer Felder bei.

Empfehlung
Der kurzfristige Einsatz eines Heizstrahlers im Bad oder einer Infrarotlampe für therapeutische Zwecke ist unbedenklich. Für die Dauerbeheizung von Räumen sind Heizstrahler ungeeignet.

Heizlüfter
Heizlüfter sind eine Kombination aus Heizstrahler und Ventilator. Sie werden vielfach eingesetzt, um Räume behelfsmäßig zu erwärmen, und sind dabei oftmals für längere Zeit in Betrieb. Die Luftqualität wird durch den Einsatz von Heizlüftern ungünstig beeinflußt: hohe Luftgeschwindigkeit, Staubverschwelung an den heißen Glühdrähten und elektrostatische Aufladung sind bekannte Folgen. Vom Einsatz solcher Geräte ist daher – nicht zuletzt aufgrund der Felder des Motors – grundsätzlich abzuraten.

Empfehlung
Nur in Ausnahmefällen und nur für kurze Zeit benutzen.

Heizdecken
Heizdecken erzeugen eine sehr starke elektrische Abstrahlung und sind wegen der nutzungsbedingten Nähe zum Körper ein Risiko für den Menschen. Von ihrem Gebrauch ist abzuraten.

Empfehlung
Wärmflasche benutzen. Heizdecken nur im Notfall benutzen; auf jeden Fall vor dem Zubettgehen ausschalten und den Netzstecker ziehen.

Wasserbett
Die Wasserfüllung eines Wasserbettes hätte ohne zusätzliche Heizung nur eine Temperatur von ca. 20°C (Raumtemperatur). Deshalb wird das Wasser mittels Heizmatten erwärmt. Bei Messungen des Instituts für baubiologische Anwendung in Fellbach wurden magnetische Wechselfelder von 20 bis 40 Nanotesla und elektrische Wechselfelder von 100 bis 350 V/m ermittelt.

Empfehlung
Ersatz der Wassermatratze durch eine metallfreie Naturstoffmatratze.

Elektrische Fußbodenheizung
Die elektrische Fußbodenheizung wird häufig als Zusatzheizung in Bädern eingesetzt. Sie soll den fußkalten Fliesenbereich angenehm temperieren. Dazu werden Widerstandsdrähte in den Zementestrich eingegossen. Die Überdeckung mit 3 bis 4 cm Estrichbeton und dem Fliesenbelag reduziert die Feldbelastung durch elektrische Wechselfelder. Durch die längere Verweildauer und entsprechend lange Aufheizzeiten kommt es trotzdem zu mittlerer Feldbelastung. Noch 30 cm über dem Fußboden

läßt sich ein magnetisches Wechselfeld von 12 Mikrotesla messen.

Empfehlung
Im Bad einen fußwarmen Bodenbelag verwenden, z.B. Korkplatten, Linoleum, und auf eine elektrische Fußbodenheizung verzichten.

5. Heiztechnik

Zirkulationspumpen, Heizungsbrenner
Die Regeleinrichtungen für die Heizungsanlage werden mit einer Wechselspannung von 230 V (bzw. intern mit 12 Volt Gleichspannung) betrieben und müssen dauernd in Betrieb sein. Deshalb dürfen sie nicht über Netzfreischalter angeschlossen werden. Die Motoren in den Pumpen und im Ölbrenner strahlen im Betrieb ein magnetisches Feld ab.

Empfehlung
Es ist daher darauf zu achten, daß die Zuleitungen und die Zirkulationspumpe einen Mindestabstand von 2 m zu den Ruhezonen haben. Bei Etagenheizungen ist diese Forderung unter Umständen schwierig einzuhalten und wird oft nicht beachtet. Die heute als unmodern geltenden Schwerkraftsysteme kommen ganz ohne Pumpen aus.

Nachtspeicheröfen, Nachtspeicherboiler
Bei diesen Geräten werden Keramikelemente (bei Nachtspeicheröfen) oder Wasser (bei Speicherboiler) durch elektrische Heizelemente mit dem preiswerteren Nachtstrom aufgeheizt, so daß die gespeicherte Wärme über den Tag hinweg genutzt werden kann. Die Geräte haben einen sehr hohen Stromverbrauch; sie werden über eine Ringsteuerung durch das Elektrizitätsversorgungsunternehmen für eine garantierte Mindestzeit von 6 oder 8 Stunden immer dann einge-

5.7: Außenbeleuchtung mit Bewegungsmelder.

schaltet, wenn Stromüberkapazitäten vorhanden sind (meist in der Nacht). Die stundenlangen Aufheizzeiten und die langen Betriebszeiten verursachen hohe Feldbelastungen. Es sind mehrere Fälle dokumentiert, bei denen Menschen durch die starken elektromagnetischen Felder dieser Heizung in ihrem Wohlbefinden schwerstens beeinträchtigt wurden.

Empfehlung
Ersatz der Speicheröfen durch eine Gasetagenheizung und durch Heizkörper; Ersatz der Elektrospeicherboiler durch Gasdurchlauferhitzer oder durch Wasserspeicher mit Wärmetauscher für die Gasheizung.

6. Sonstige Technik am Haus

Motoren für Rolläden und Markisen
Kleine Motoren in der Verlängerung der Rolladenachse besorgen, meist über eine Zeituhr automatisch gesteuert, das Öffnen und Schließen der Rolläden. Auch diese Stromkreise müssen dauernd mit Spannung versorgt werden und sollten deshalb an einen Stromkreis ohne Netzfreischalter mit einer abgeschirmten Leitung angeschlossen sein.

Garagentorsteuerung
Ein Motor öffnet das Schwingtor über ein Stangengetriebe. Vorausgesetzt, daß der Motorantrieb des Garagentores genügend Abstand zu den Schlafplätzen hat, ist die Gefahr einer Belastung durch Felder gering. Die Fernsteuerung stellt im Anbetracht der geringen Sendeleistung ebenfalls kein Risiko dar.

Alarmanlagen
Alarmanlagen arbeiten im Normalfall mit einer Gleichspannung von 12, 24 oder 48 Volt und stellen daher keine Gefahr für den Menschen dar. Es können allerdings einzelne Sensoren, die mit Hochfrequenzradar arbeiten, bedenkliche Felder abgeben.

7. Geräte im Standby – Die stillen Verbraucher

Viele Geräte werden heute im sogenannten Standby-Betrieb, einer Bereitschaftsschaltung, unter Strom gehalten. Dies ist notwendig, um bestimmte Informationen in einem elektronischen Speicher zu halten (Telefonnummern, Programmsender), um eine Zeitschaltuhr zu betreiben (Videorecorder), um laufend Meßwerte aufzunehmen und weiterzuleiten (Heizungssteuerung) oder um Geräte dauernd betriebsbereit zu halten (Telefaxgeräte, Anrufbeantworter). Dies hat zur Folge, daß der teilweise nicht unbeträchtliche Stromverbrauch bezahlt werden muß, was je nach Art und Zahl der Geräte durchaus 10 bis 20% des Verbrauchs ausmachen kann. Darüber hinaus verbreitet jedes eingeschaltete Gerät elektrische und magnetische Felder in seiner Umgebung.

Tabelle 5.7 liefert Angaben über den Stromverbrauch verschiedener Geräte und ermöglicht eine überschlägige Berechnung des jährlichen Stromverbrauchs unter Berücksichtigung der persönlichen Nutzungsgewohnheiten.

Der Stromverbrauch berechnet sich nach der Formel:

Jahresstromverbrauch (in Wh/Jahr) = Verbrauch des Gerätes (in W) x Benutzungsstunden pro Tag x Benutzungstage pro Jahr .

8. Unterhaltungselektronik

Stereoanlage
Die Stereoanlage ist normalerweise im Wohnraum aufgestellt; wird sie mit einem normalen Netzschalter ausgeschaltet, also nicht nur über eine Fernsteuerung in den Standby-Modus versetzt, stellt sie keine große Belastung für den Menschen dar.
Junge Leute haben die Stereoanlage häufig in ihrem Zimmer. Durch den meist geringen Abstand zum Bett können erhöhte Belastungen auftreten. Viele Stereoanlagen sind mit dem Gerätenetzschalter nicht mehr vollständig abzuschalten, so daß das Gerät auch im abgeschalteten Zustand Spannung führt, z.B. um es bequem via Fernsteuerung einschalten zu können.

Empfehlung
Stereoanlagen aus dem unmittelbaren Schlafbereich entfernen, auch die Lautsprecher; die Geräte mittels abschaltbarer Mehrfachsteckdosenleiste vollständig ausschalten.

Fernsehgerät

Für den Fernseher gelten dieselben Betrachtungen wie für die Stereoanlage. Im Unterschied zur Stereoanlage strahlt ein Fernseher im eingeschalteten Zustand verschiedene Felder ab, und zwar sowohl magnetische, als auch elektrische Gleich- und Wechselfelder sowie ein elektromagnetisches Hochfrequenzfeld. Je nach Gerätetyp kann diese Strahlung beträchtlich sein, so daß ein Mindestabstand von 3 bis 4 Metern ratsam ist. Wird der Fernseher nur mit der Fernsteuerung bedient, bleiben einzelne Baugruppen des Fernsehers dauernd eingeschaltet (Standby-Schaltung), um bei Knopfdruck auf die Fernbedienung schnell ein Bild zu liefern. Dieser Standby-Betrieb ist nicht nur

5.8: Akkuladegerät.

Tabelle 5.7
Verbrauch gebräuchlicher Elektrogeräte im Stand-by-Betrieb.   Quelle [25]

Gerät	Baujahr	Stromverbrauch im Stand-by-Betrieb		Berechnungsgrundlagen
		kWh/h	kWh/a	
PC mit Farbbildschirm, Bildschirm: 14"	1993	0,092	162	8 h/d, 220 d/a
PC	1992	0,047	83	8 h/d, 220 d/a
15" Bildschirm m. Bildschirmschoner	1992	0,050	88	8 h/d, 220 d/a
Tintenstrahldrucker schwarz-weiß	1990	0,007	12	8 h/d, 220 d/a
Tintenstrahldrucker	1993	0,070	123	8 h/d, 220 d/a
Nadeldrucker schwarz-weiß	1990	0,022	39	8 h/d, 220 d/a
Laserdrucker schwarz-weiß	1991	0,075	132	8 h/d, 220 d/a
Fotokopierer	1991	0,070	123	8 h/d, 220 d/a
Telefax	1991	0,011	96	24 h/d, 365 d/a
Anrufbeantworter	1992	0,003	26	24 h/d, 365 d/a
Funktelefon	1993		4	0,011 kWh/d, 365 d/a
Farbfernseher (Bildschirm: 36 - 72 cm)	1993	0,010	73	20 h/d, 365 d/a
Farbfernsehantenne, Kabelanschluß		0,004	35	24 h/d, 365 d/a
Receiver der Satelittenschüssel		0,020 - 0,035	175 - 307	24 h/d, 365 d/a
Kompakt-Stereoanlage	1987	0,014	102	20 h/d, 365 d/a
Kompakt Stereoanlage (fernbedienbar)	1993	0,010	73	20 h/d, 365 d/a
Videorecorder	1993	0,012	101	23 h/d, 365 d/a
Radiorecorder	1993	0,001	8	23 h/d, 365 d/a
Radiowecker	1993	0,001 - 0,002	8 - 17	23 h/d, 365 d/a
Elektronikuhr der Kaffemaschine	1992	0,002	18	24 h/d, 365 d/a
Elektronikuhr des Mikrowellengeräts	1992	0,003	26	24 h/d, 365 d/a
Elektronikuhr des Elektroherdes	1992	0,006	53	24 h/d, 365 d/a

h/d = Stunden pro Tag;   d/a = Tage pro Jahr

energieaufwendig, sondern belastet die Umgebung mit elektrischen und magnetischen Feldern.

Problematisch ist außerdem die Abstrahlung der Fernsehgeräte über die Rückseite. Diese magnetische Abstrahlung durchdringt die angrenzenden Wände und belastet die benachbarten Räume.

Empfehlung

Nach Gebrauch vollständig abschalten, kein Standby-Betrieb, vom Schlafplatz entfernen, Mindestabstand von 3 m einhalten.

Videogeräte

Videogeräte werden immer im Standby-Betrieb gehalten, da eine eingebaute Uhr für die Aufnahmesteuerung und die Senderspeicherung Strom benötigt. Als Dauerverbraucher können sie nicht mit einem Netzfreischalter betrieben werden.

Empfehlung

Nach Betrieb vollständig ausschalten, indem der Netzstecker gezogen oder eine abschaltbare Steckdose verwendet wird, kein „Show-View-Betrieb".

Radiowecker, Wecker

Der netzbetriebene Radiowecker ist besonders problematisch, da er üblicherweise neben dem Schlafplatz betrieben wird. Er ist immer in Betrieb, da die Uhr läuft, auch wenn das Radio ausgeschaltet ist. Dies verhindert das Ansprechen einer Netzfreischaltung, so daß die gesamte Schlafrauminstallation elektrische und ggf. auch magnetische Felder verbreiten würde. Ein Radiowecker erzeugt noch in 35 cm Entfernung ein magnetisches Wechselfeld, das dem in der Nähe einer Hochspannungsleitung gleichkommt.

Empfehlung

Radiowecker aus dem Schlafbereich entfernen; mechanische oder batteriebetriebene Wecker benutzen.

9. Büroelektronik

Computer / Bildschirm

Moderne Personal Computer haben eine relativ geringe elektromagnetische Abstrahlung, die durch das geerdete Metallgehäuse weitgehend abgeschirmt wird. Für das Netzkabel von der Steckdose zum PC sollte möglichst auch eine abgeschirmte Ausführung gewählt werden, wenn es an Personen vorbei führt. Die Hauptbelastung entsteht durch den Monitor (Bildschirm), der ähnliche Felder abstrahlt wie ein Fernsehgerät. In den vergangenen Jahren wurden strenge Normen geschaffen und Obergrenzen für die Strahlungsabgabe von Bildschirmen festgelegt. Bildschirme, die neu angeschafft werden, sollten mindestens die schwedischen Kategorien MPR2, MPR3 oder besser noch das Gütesiegel TCO 95 einhalten. Damit garantiert der Hersteller einen maximalen Strahlungspegel, der auch von Baubiologen als risikofrei angesehen wird. LCD-Bildschirme, wie sie in Laptops oder Notebooks zum Einsatz kommen, verursachen keine Strahlung, da sie ohne starke elektrische und magnetische Wechselfelder arbeiten. Die künstliche Beleuchtung am Arbeitsplatz ist so zu gestalten, daß störende Lichtreflexe und Spiegelungen vermieden werden. Dazu müssen nach DIN 66234/7 die Leuchten im kritischen Ausstrahlungsbereich unter 50° eine Leuchtdichtebegrenzung von 200 cd/m^2 einhalten. Deckenleuchten werden deshalb mit verspiegelten, parabolförmigen Seitenreflektoren und Querlamellen ausgerüstet. Der Bildschirm sollte möglichst vor einem dunklen Hintergrund betrieben werden.

Empfehlung

Hochwertige und strahlungsarme Bildschirme mit hoher Bildfrequenz (66 bis 132 Hz) und hoher Bildschirmauflösung (z.B. 1024 x 768) einsetzen, für reflexfreie Beleuchtung des Arbeitsplatzes sorgen.

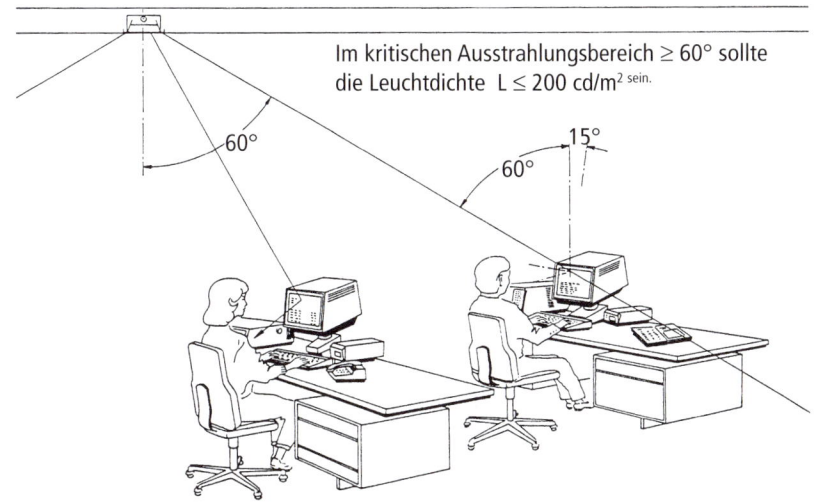

Im kritischen Ausstrahlungsbereich ≥ 60° sollte
die Leuchtdichte L ≤ 200 cd/m² sein.

60°

60° 15°

5.9
Arbeitsplatz Compu-
ter und Strahlungs-
winkel von Decken-
leuchten.

Telefaxgerät/Anrufbeantworter

Telefaxgeräte sind üblicherweise dauernd
eingeschaltet, um jederzeit Nachrichten
empfangen zu können, was durch das notwendige Netzteil elektrische und magnetische Wechselfelder mit sich bringt.

Empfehlung
Vom Arbeitsplatz mindestens 2 m entfernt
aufstellen, Netzkabel abschirmen.

Kopiergerät

Kopiergeräte haben im aktiven Betrieb eine
hohe Stromaufnahme, bedingt durch die
Lichtquelle, die Hochspannung für die Be-
schichtungstrommel und die Heizung der
Fixierwalze. Dadurch erzeugen Photokopie-
rer ein starkes magnetisches Wechselfeld
und ein starkes elektrisches Gleichfeld.
Gleichzeitig entsteht durch die hohe Spannung im Gerät beim Kopieren Ozon, das an
die Raumluft abgegeben wird.

Empfehlung
Kopierer mindestens 2 m vom Arbeitsplatz
entfernt aufstellen, Netzkabel abschirmen,
Gerät nicht im Dauerzustand betreiben,
Räume bei Gebrauch gut lüften.

10. Kommunikationstechnik

Türsprechanlage

Die Türsprechanlage funktioniert im Normalfall mit Niederspannung und Gleichstrom und stellt somit kein Risiko dar.

Babyphon

Beim Babyphon werden Geräusche aus dem
Kinderzimmer an einen anderen Ort übertragen. Um keine zusätzlichen Leitungen
verlegen zu müssen, wird entweder das vorhandene Stromnetz benutzt oder drahtlos
mit Funk übertragen. In beiden Fällen wird
Hochfrequenz eingesetzt, so daß immer mit
einer elektromagnetischen Strahlung zu
rechnen ist, welche für das Kind ein Risiko
darstellt. Alle in einem Test gemessenen Ba-
byphone (1993) haben die MPR 2 Empfehlungen, die für Bildschirme gelten, überschritten.

Empfehlung
Alle Überwachungsgeräte aus dem Schlafbereich entfernen.

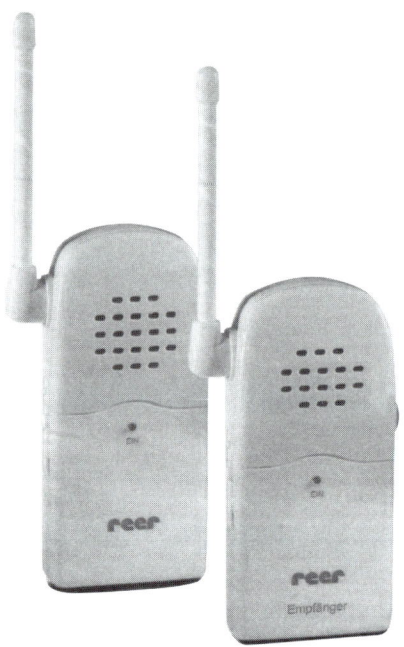

5.10
Babyphon aus dem Katalog.

Telefon

Kabeltelefon

Das übliche Telefon stellt für den Menschen keine Gefahr dar, da es mit einer geringen Spannung arbeitet und nur ein geringer Stromfluß vorhanden ist.

Schnurloses Telefon

Schnurlose Telefone für den Hausbereich senden und empfangen hochfrequente Strahlung, durch die eine Verbindung mit der Basisstation hergestellt wird. Sie können gesundheitlich belasten, zumal sie sehr nahe am Kopf betrieben werden. Schnurlose Telefone sind in drei Ausführungen erhältlich:

- CT1-analog: Eine Basisstation sendet mit 0,5 Watt Leistung an das Handtelefon, das mit 0,1 Watt zurücksendet. Die Reichweite ist mit 25 bis 50 m gering. Die Verbindung besteht nur bei einem Telefonat.

Die Frequenz liegt im Hochfrequenzbereich bei 900 MHz. Die Belastung ist gering, wenn nur wenige Gespräche geführt werden.
- CT2-digital: Die Basisstation sendet bei einem Telefonat mit einer gepulsten Strahlung. Die Belastung ist im Vergleich zur Analogtechnik etwa um das 10-fache erhöht.
- DECT-digital: Die Basisstation sendet ständig mit einer Frequenz von 1900 MHz gepulste Signale. Dadurch entsteht eine Belastung für Personen in der Umgebung des Geräts, auch wenn nicht telefoniert wird.

Empfehlung
Telefonieren möglichst nur mit dem Kabeltelefon.

Handy

Funktelefone, sogenannte Handys, sind im Hinblick auf die Belastung durch Hochfrequenzstrahlung risikoreicher als die drahtlosen Haustelefone. Sie arbeiten bei einer höheren Frequenz und haben eine starke hochfrequente Abstrahlung. Zwar darf die abgestrahlte Energie 2 Watt nicht überschreiten, doch ist dies das 20-fache eines schnurlosen Haustelefons. Der SAR-Grenzwert liegt zur Zeit bei 2 Watt/kg Körpergewebe. Dieser willkürlich festgelegte Grenzwert hat mit gesundheitlicher Vorsorge nichts zu tun. Während alte Geräte diesen Wert überschreiten, liegen moderne Geräte (1997) bei ungefähr einem Zehntel dieses Wertes (SAR = 0,2). Erreicht wurde dies unter anderem durch eine neuartig gestaltete Antennenabstrahlung, die den Kopfbereich ausspart. Folgende Sendetechniken sind heute gebräuchlich:

- Das C-Netz ist eine analoge Sendetechnik im Frequenzbereich um 450 MHz, bei der die Basisstation (Sendemast) mit ca. 20 Watt pro Linie abstrahlt und das Handy mit ca. 2 Watt antwortet. Es wird nur bei einem Telefonat gesendet. Die Benutzung dieses Netzes ist auf ein Land beschränkt.

- Das D-Netz wird im GSM-Standard (Global System for worldwide Mobile Communication) betrieben mit gepulster Sendetechnik im Frequenzbereich um 900 MHz. Dadurch wird die weltweite Kommunikation mit dem Funktelefon möglich. Da die Übertragung über terrestrische Sendestationen erfolgt (im Schnitt eine Sendestation auf 10.000 Einwohner) ist die Benutzung nur in einem gewissen Umkreis der Sendestationen möglich. Die Strahlungsbelastung ist um etwa das 10-fache höher, weil statt der analogen Übertragung der Information eine gepulste Übertragung gewählt wird. Gepulst bedeutet, daß die Information paketweise übertragen wird, so daß die Übertragung von mehreren parallelen Gesprächen auf einem Kanal möglich ist. Diese Energiepakete hinterlassen allerdings viel stärkere Spuren als die analoge Funktechnik: Es ist sogar eine thermische Wirkung auf Organe unseres Körpers, z.B. auf das Auge, festzustellen.

- Das E-Netz basiert auf der gleichen Technik wie das D-Netz, hier wird jedoch im 1800 MHz Bereich gesendet.

Beide digitalen Funktelefonnetze (900 MHz und 1,8 GHz) senden in einem Frequenzbereich, der dem des Mikrowellenherdes ähnlich ist und der intensiver als andere Frequenzen auf Wassermoleküle einwirkt. Wird ein Funktelefon im Auto ohne Außenantenne betrieben, ist die Belastung durch elektromagnetische Strahlung besonders hoch, da die metallene Hülle des Autos die Hochfrequenzstrahlung nur abgeschwächt nach außen dringen läßt und sie teilweise in den Innenraum reflektiert. Zusätzlich wird die Leistung des Funktelefons aufgrund der schlechten Sendequalität automatisch erhöht. Deshalb sollte im Auto zum einen nur mit zusätzlicher Außenantenne telefoniert werden, und zum anderen sollte das Telefon schon aus Sicherheitsgründen mit einer

Tabelle 5.8
Eigenschaften verschiedener Funksysteme.   Quelle [23]

Anwendung	Funksystem	Leistung / Geräteklasse	Bemerkungen
Schnurloses Telefon	800 - 100 MHz CT1, CT2*	typisch: 0,01 W	analoges Signal
	1880 - 1900 MHz DECT**	typisch: 0,025 W	digital gepulst mit 100 Hz
Handys	C-Netz = 450 MHz	typisch: bis 0,75 W	analoges Signal
	D-Netz = 900 MHz GSM-Standard	weniger als 2 W	digital gepulst mit 217 Hz, einheitlich in Europa
	E-Netz = 1800 MHz DCS- Standard	1 W	digital gepulst mit 217 Hz, geringe Sendeleistung, deshalb enges Netz
Autotelefon, Portables	C-Netz = 450 MHz	Portable: typisch 5 W Fest eingebaut: 15 W	analoges Signal. Antenne wird abgesetzt betrieben
	D-Netz = 900 MHz GSM- Standard	2 W Portables: 8 W	digital, gepulst mit 217 Hz, abgesetzte Antenne (Autodach o. Grundgerät)

* CT = Cordless telephone   ** DECT = Digital European Cordless telephone

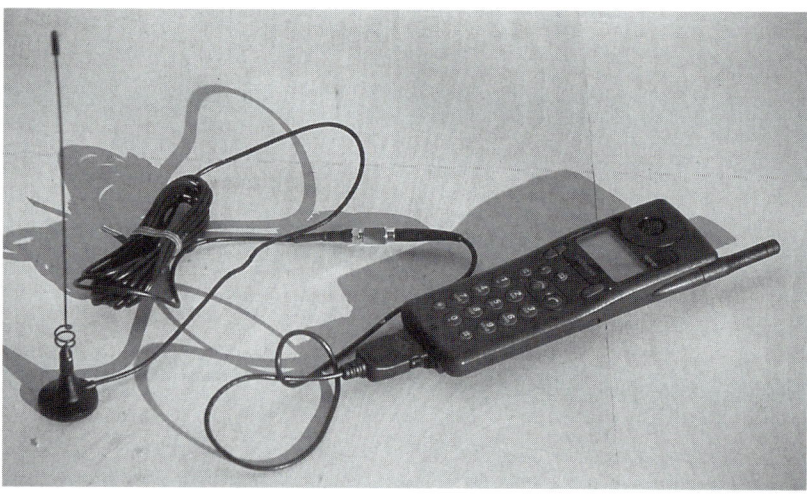

Freisprecheinrichtung ausgestattet sein.
Die Sendeleistung eines Funktelefons ist bereits so stark, daß die Funktion empfindlicher elektronischer Geräte in der näheren Umgebung gestört werden kann. Aus diesem Grund ist es verboten, in Flugzeugen oder Krankenhäusern mit Funktelefonen zu telefonieren. Das Telefonieren in geschlossenen Räumen mit solchen Geräten stellt auch für die anderen dort weilenden Personen eine Belastung dar.
Wird eine zukaufbare Außenantenne mit Verlängerungskabel (Adapter ca. 50 DM, Antenne ca. 80 DM) angeschlossen und diese in ca. 1 m Abstand aufgestellt, läßt sich die Hochfrequenz-Strahlenbelastung erheblich reduzieren.
Wenig bekannt ist, daß Geräte in Bereitschaftsschaltung in regelmäßigen Abständen ein Ortungssignal aussenden. Deshalb sollte das Gerät nur eingeschaltet werden, wenn ein Anruf erwartet wird. Eingegangene Anrufe können regelmäßig über die Mailbox abgefragt werden.

Empfehlung
Den Gebrauch des Funktelefons auf Ausnahmesituationen beschränken. Beim Telefonieren die Antenne voll ausziehen. Funktelefon im Auto nur mit Zusatzantenne einsetzen. Berufliche Vieltelefonierer sollten eine Freisprecheinrichtung benutzen.

Funkrufdienste
Diese neueste Form der Nachrichtenübermittlung (und Personenkontrolle) dient dazu, jede entsprechend ausgerüstete Person an jedem Ort darüber zu informieren, daß eine Nachricht für ihn vorliegt. Die Funkrufdienste wie „Cityruf", „Scall", oder „Quix" senden alle im Frequenzbereich von 470 MHz, der besonders gut in Gebäude eindringen kann.

Empfehlung
Nur benutzen, falls beruflich notwendig (Arzt), und auch dann nur in Ausnahmefällen.

6. Meßmethoden und Meßgeräte

Um die Belastung unseres Körpers im häuslichen Bereich möglichst gering zu halten, sollten Daueraufenthaltsräume und vor allem der Schlafplatz weitgehend störungsfrei sein. Wir verbringen im Bett etwa ein Drittel unserer Lebenszeit und unser Körper reagiert im Ruhezustand besonders empfindlich auf Störungen. Außerdem ziehen wir uns auf den Schlafplatz zurück, wenn wir krank sind. Deshalb werden die nachfolgenden Meßverfahren insbesondere für diesen Platz beschrieben. Für die Meßgenauigkeit der eingesetzten Geräte sind ±10% ausreichend. Nur in Ausnahmefällen ist es notwendig, genauere Messungen durchzuführen und entsprechend teurere Geräte einzusetzen.

6.1 Elektrische Gleichfelder

Das natürliche elektrische Gleichfeld der Erde („Schönwetterfeld" ~130 V/m) wird durch die Gebäudehülle fast völlig abgeschirmt, so daß dieses Feld im Innern des Hauses in der Regel kaum noch nachweisbar ist. Eventuell vorhandene elektrische Gleichfelder am Schlafplatz stammen also in der Regel nicht von außen, sondern werden im Raum künstlich erzeugt, z.B. durch Materialien mit einer sehr schlechten elektrischen Leifähigkeit, die sich elektrisch aufladen (PVC-Böden, Textilien und Vorhänge aus Kunststoffgewebe, Beschichtungen und Oberflächenbehandlungen auf Kunststoffbasis usw.). Da die elektrische Aufladung dieser Stoffe auch von der Raumluftfeuchte abhängt, sollte die relative Luftfeuchte ebenfalls gemessen und bei der Interpretation der Ergebnisse berücksichtigt werden.

Das Feldmeter zur Messung elektrischer Gleichfelder

Gemessen wird das *elektrische Gleichfeld* mit einem sogenannten Feldmeter in V/m. Da das elektrische Feld von der messenden Person beeinflußt wird, sind „genaue" Messungen nur möglich, indem das Meßgerät isoliert aufgestellt wird, z.B. auf einem Holz- oder Kunststoffstativ.
Werden die Richtwerte (200 bis 1000 V/m) überschritten, so muß versucht werden, die

Oberfläche	Elektr. Gleichfeld	Meßabstand	Entladezeit
Vorhang Südfenster	45.000 V/m	10 cm	20 s
Federbett- Überzug	8.000 V/m	10 cm	10 s
Polster Überzug	8.000 V/m	10 cm	10 s
Holz-Boden, DD-lackiert	30.000 V/m	10 cm	90 s
Meßgerät: Kleinfeldwächter EFM110, Messung erdfrei mit Körperpotential, Aufladung durch Reibung, Ort: Schlafzimmer, Lufttemperatur 19 °C, Luftfeuchte 45%			

Tabelle 6.1
Gemessene elektrische Gleichfelder durch Aufladung infolge Reibung.

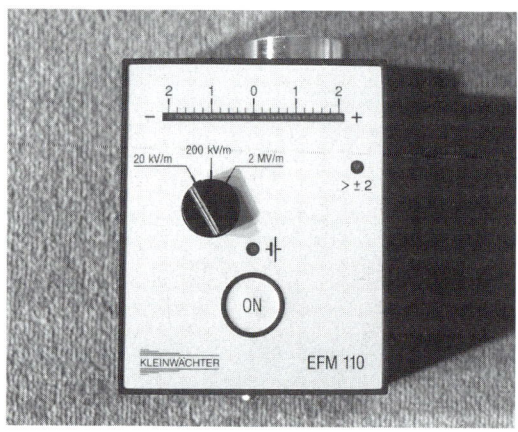

6.1
Feldmeter der Fa, Kleinwächter zum Aufspüren elektrischer Gleichfelder.

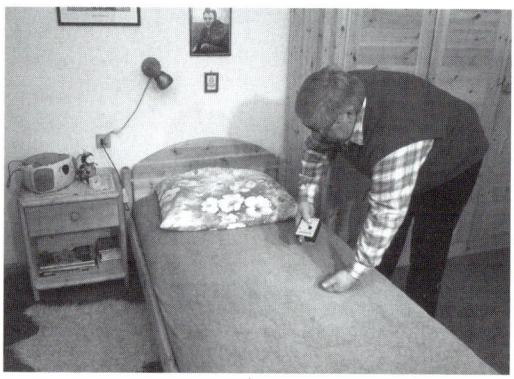

6.2
Kontrollmessung auf elektrische Aufladungen.

Ursache zu finden. Dazu nimmt man das Feldmeter in die Hand und sucht den ganzen Raum nach elektrostatisch aufgeladenen Materialien ab. Um sicher zu gehen, empfichlt es sich, verdächtige Materialien durch Reibung (z.B. mit einem trockenen Lappen) zusätzlich aufzuladen. Jene Materialien, welche sich nicht innerhalb von ein bis 10 Sekunden selbst entladen, gelten als Verursacher für erhöhte elektrostatische Felder.

Abhilfemaßnahmen

Die Verursacher (z.B. Vorhänge, Textilien, Teppiche usw.) sind möglichst aus dem Raum zu entfernen. Bei fest eingebauten Materialien (z.B. Beläge aus Kunststoff) kann versucht werden, durch Behandlung mit Bienenwachs die elektrostatische Wirkung zu mindern.
Auch eine Abdeckung der Oberfläche mit einem geeigneten Abschirmstoff (Erdung nicht vergessen!) kann Abhilfe schaffen. Im übrigen wirken alle Abschirmmaßnahmen für das elektrische Wechselfeld auch beim elektrischen Gleichfeld, jedoch nicht umgekehrt.
Beim Neubau und der Wohnungseinrichtung sollte man darauf achten, daß vor allem für die Oberflächen in den Räumen (Bodenbeläge, Tapeten, Vorhänge, Farben usw.) keine Kunststoffe eingesetzt werden.

6.2 Magnetische Gleichfelder

Die Erde ist von einem recht starken magnetischen Gleichfeld umgeben, an das sich der Mensch über viele Generationen hinweg gewöhnen konnte und dessen Intensität (in unseren Breiten ~50.000 nT = 50 µT) ihm offenbar nicht schadet. Nur Störungen des natürlichen Erdmagnetfeldes können auf den Menschen Einfluß haben. Bei der Un-tersuchung von Aufenthaltsorten werden deshalb nur die Abweichungen des natürlichen magnetischen Gleichfeldes gemessen, in unserem Falle die Richtungs- und Intensitätsunterschiede innerhalb der Bettfläche bzw. des Ruheplatzes. Selten sind solche Abweichungen auf geologische Anomalien der Erdkruste zurückzuführen, häufig hingegen auf eisenhaltige Materialien oder starke Magneten in der Nähe des Bettes, wie z.B. Armierungseisen im Beton, Eisenrohre und Stahl-Heizkörper (Gußeisen, Edelstahl und Leichtmetalle haben keinen Einfluß), Stützen, Träger oder Türzargen aus Stahl, eisenhaltige Teile im Bettgestell, Federkernmatratzen, Drahteinsätze, usw., sowie Lautsprecher in Bettnähe (Radiowecker, Radiorecorder).

Meßgeräte für magnetische Gleichfelder

Verzerrungen des Erdmagnetfeldes (Richtungsabweichungen) können hinreichend genau mit einem handelsüblichen Kompaß gemessen werden. Dazu zieht man den Kompaß auf einer eisenlosen Führungsschiene (Holz, Alu, Kunststoff) entlang der Mittellinie des Bettes und liest ungefähr alle 20 cm die Richtung der Kompaßnadel ab. An einem ungestörten Platz sind die so gemessenen Werte alle gleich groß. Weichen die Werte hingegen um mehr als 2 bis 5° (baubiologischer Richtwert) vom Mittelwert ab, gilt es die Ursache für diese Störung zu ermitteln.

Dazu wird der Meßvorgang etwa 0,5 m daneben bzw. über oder unter der vorigen Meßlinie wiederholt. Nimmt dabei die Kompaßnadel-Abweichung ab, so hat man sich damit von der Ursache entfernt und umgekehrt. Auf diese Weise ist es auch möglich, ggf. einen günstigeren Ruheplatz im Raum zu finden.

Bereits ein einfacher Wanderkompaß (Preis ca. 30 DM) kann zur Feststellung der Magnetfeldabweichungen ausreichen. Mit einer flüssigkeitsgedämpften Ausführung (70 bis 200 DM) ist die Anzeige ruhiger und stabiler, wenn der Kompaß an der Führungsschiene über den zu untersuchenden Platz gezogen wird. Die Ablesegenauigkeit sollte mindestens 2° betragen.

6.3
Kompaß

6.4
Meßvorgang zur Ermittlung von Verzerrungen des Erdmagnetfeldes.

Eine quantitative Messung statischer Magnetfelder (z.B. des Erdmagnetfeldes) ist nur mit einem *Magnetometer* möglich. Das Magnetometer ist ein kompliziertes und entsprechend teures Meßgerät (Preis ca. 2.000 DM). Um quantitative Veränderungen des

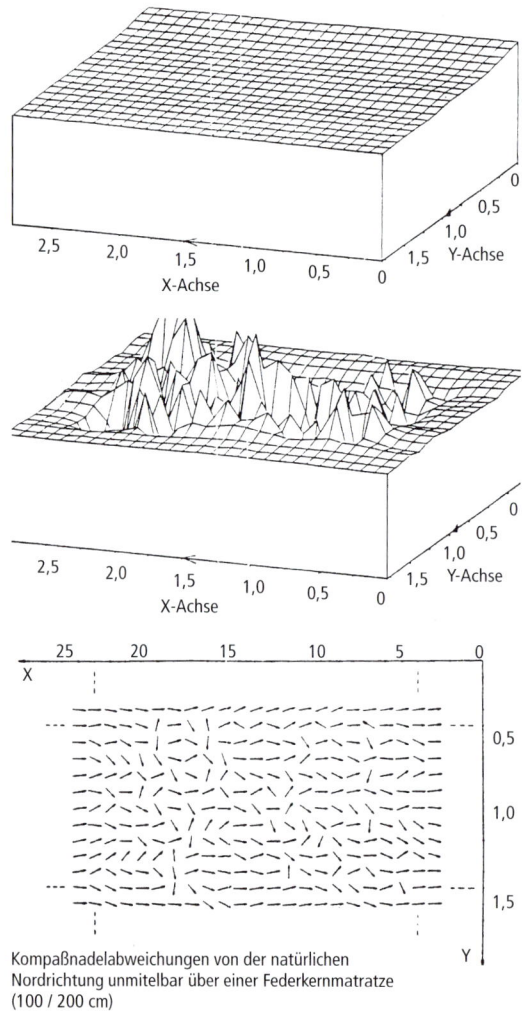

Kompaßnadelabweichungen von der natürlichen
Nordrichtung unmitelbar über einer Federkernmatratze
(100 / 200 cm)

6.5
Verzerrung der Intensität des Erdmagnetfeldes.
Quelle [12]

Magnetfeldes an einem bestimmten Platz zu ermitteln, muß die Feldsonde so geführt werden, daß ihre Ausrichtung im Raum nicht geändert wird. Die Einheit der magnetischen Feldstärke ist Nanotesla (nT) oder Mikrotesla (1 μT = 1000 nT).

Abhilfemaßnahmen bei Belastungen

Magnetische Felder lassen sich nur sehr schwer und deshalb teuer abschirmen. Einfacher ist es, sich durch Veränderung des Aufstellortes von der „Ursache" zu entfernen. Das Bettgestell ebenso wie die Matratze sollten weitgehend frei von ferromagnetischen Materialien sein (kein metallischer Bettrahmen oder Einlegerahmen mit Sprungfedern, keine Federkernmatratze). Technische Geräte mit größeren Lautspechern sind aus der Bettnähe zu entfernen.

Decken mit eingelegten Magnetstreifen oder anderen künstlichen Magneten (wie sie z.B. auf Ausflugsfahrten mit Verkaufsschau angeboten werden) verändern zwar das natürliche magnetische Gleichfeld in der allernächsten Umgebung, die versprochene positive Auswirkung auf die Gesundheit ist jedoch nicht nachgewiesen!

Bei Neubauten ist darauf zu achten, daß keine starken Eisenteile (Stahlträger, Betonbewehrung, Stahl-Türzargen usw.) in der Nähe von Ruhezonen eingebaut werden. Als Ersatz für Stahl sind inzwischen Baustoffe erhältlich, die keinen Einfluß auf das Erdmagnetfeld haben (Inox, Polycarbonat usw.).

6.3 Elektrische Wechselfelder

Da äußere elektrische Wechselfelder von der Gebäudehülle weitgehend abgeschirmt werden, hängt die Intensität des elektrischen Wechselfeldes am Schlaf- bzw. Ruheplatz vor allem von der Elektroinstallation sowie von frei verlegten Kabeln und von Geräten ab. Es wäre naheliegend, das elektrische Wechselfeld wie das Gleichfeld ebenfalls mit einem Feldmeter zu messen. Dies hat sich jedoch als ungeeignet erwiesen, weil auch das

110

elektrische Wechselfeld durch jeden einigermaßen leitfähigen Gegenstand verzerrt wird, sei es nun durch Einrichtungsgegenstände oder durch die dort anwesenden Personen. Deshalb wird das elektrische Wechselfeld im Raum nicht direkt gemessen, sondern „nur" die Auswirkungen des elektrischen Feldes auf den Menschen oder eine Meßsonde (Kugel oder Platte). Der Mensch bzw. die Meßsonde nimmt die einwirkenden elektrischen Wechselfelder „wie eine Antenne" auf, d.h. er bzw. sie steht unter Spannung (Abb. 6.6). Diese Spannung, die auch Körperspannung genannt wird, entsteht durch kapazitive Ankopplung des Körpers an das elektrische Wechselfeld. Die gebräuchliche Einheit dieser Körperspannung ist Millivolt (mV); gemessen wird sie gegen Erdpotential. Der Körper muß von den Umhüllungsflächen des Raumes isoliert sein. Dies ist nicht gegeben, wenn die Person z.B. barfuß auf dem Boden steht oder sich mit der Hand an eine Mauer anlehnt. Die Messung der Körperspannung wird auch stark von der Lage des Körpers im Raum beeinflußt. Ein besonders aussagekräftiges Ergebnis erhält man, wenn die Messung an einer im Bett liegenden Person durchgeführt wird.

Zur Messung am Schlafplatz legt sich die Testperson aufs Bett und nimmt die Handelektrode in die Hand, die mit dem Wechselspannungseingang eines digitalen Multimeters verbunden ist; das zweite (mit der Erd- bzw. Com-Buchse des Multimeters verbundene) Meßkabel wird mit dem Erdpotential verbunden. Gemessen wird also die auf die Person induzierte Wechselspannung in Millivolt (mV).

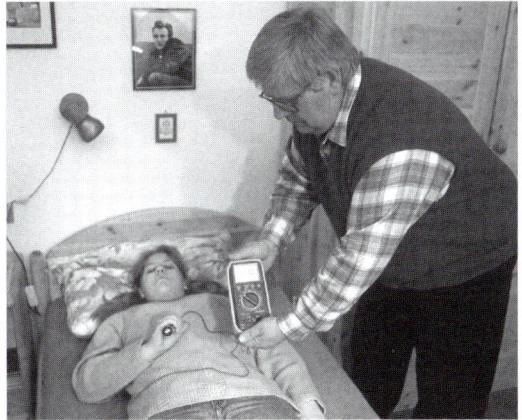

6.6
Messung von Ableitstrom und kapazitive Ankopplung im elektrischen Wechselfeld.
Quelle [2]

6.7: Messung mit der Sonde in der Hand.

Meßgeräte

Zur Messung der Körperspannung sind fast alle gängigen digitalen Multimeter (Preis ab ca. 70 DM) geeignet. Damit die Ergebnisse hinreichend genau und vergleichbar sind, sollten sie folgende Eigenschaften aufweisen: Eingangswiderstand (-impedanz) größer als 10 MΩ (Mega-Ohm) und Eingangskapazität kleiner als 100 pF (Pico-Farad). Wichtig bei dieser Messung ist ein zuverlässiges Erdpotential. Dafür eignen sich der Schutzleiter einer ordnungsgemäß geerdeten Steckdose, ein blankes Metallrohr der Wasser- oder Heizungsinstallation oder ein in feuchtes Erdreich gestoßener Erdspieß. Überschreitet der Meßwert für die Körperspannung den Richtwert von 10 bis 100 mV, so gilt es auch hier wieder die Ursache(n) zu ermitteln. In einem ersten Schritt werden zunächst alle elektrische Geräte und Verlängerungskabel vom Netz getrennt (Stecker ziehen), wobei die Veränderung der Körperspannung beobachtet wird. Sofern durch diese Maßnahme der Richtwert für die Körperspannung noch nicht unterschritten wird, schaltet man nun die einzelnen Stromkreise im Verteilerkasten ab und beobachtet die Veränderung der Körperspannung.

Sollte die Körperspannung trotz Abschalten aller Stromkreise (Hauptsicherung entfernen) weiterhin zu hoch sein, kommen als Ursache z.B. ein in der Nähe liegender Stromkreis des Nachbarn oder eine nicht abschaltbare Leitung (z.B. Hauptzuleitung) infrage.

Abhilfemaßnahmen bei Belastungen

* Entfernen der Elektrogeräte einschließlich Verlängerungskabeln aus der Umgebung des Schlafplatzes.
* Einbau eines Netzfreischalters für die Ruhezonen.
* Entfernung des Bettes zu elektrischen Geräten und Installationen vergrößern.
* Abschirmen von Wänden oder Bodenflächen.

6.4 Magnetische Wechselfelder

Die Stärke des magnetischen Wechselfeldes ist abhängig von der Stärke des Stromes und von der Anzahl der Leiter: Wicklungen und Spulen, wie sie in Transformatoren und Motoren vorkommen, vervielfachen das von einem stromdurchflossenen Leiter ausgehende Feld. Ähnliches gilt für Eisenkerne, die im Innern von Spulen stecken (im Trafo, Motor, Elektromagnet, Lautsprecher, usw.). Anders ausgedrückt, ist die Intensität des magnetischen Wechselfeldes von der Leistungsaufnahme des betreffenden Gerätes bzw. der angeschlossenen Verbraucher abhängig; sie nimmt mit der Entfernung schnell ab, bei Geräten und Kabeln ungefähr mit dem Quadrat der Entfernung. Bei Geräten hängt die räumliche Feldverteilung von der Art der Quelle ab; in der Umgebung von Transformatoren oder Elektromotoren können trotz gleichen Abstands sehr unter-

schiedliche Feldstärken gemessen werden. Bei Geräten, die nicht dauernd in Betrieb sind (z.B. Kühlschrank, Nachtspeicherofen), kann es sinnvoll sein, über einen längeren Zeitraum zu messen. Umgekehrt strahlt ein netzbetriebener Radiorecorder auch dann ein Wechselfeld ab, wenn das Gerät ausgeschaltet ist, da der Trafo ständig am Netz bleibt. Zum Auffinden der verursachenden Quellen empfiehlt sich ein ähnliches Vorgehen wie beim elektrischen Wechselfeld. Bei der Messung des Wechselfeldes einer Hochspannungsleitung ist zu berücksichtigen, daß die Leitungen nur zeitweise voll belastet sind. Um die maximale Feldbelastung zu ermitteln, müßte die Messung entsprechend der Leitungsauslastung rechnerisch korrigiert werden, was nur mit einer Auskunft vom EVU über die Leitungsbelastung zum Meßzeitpunkt möglich ist.

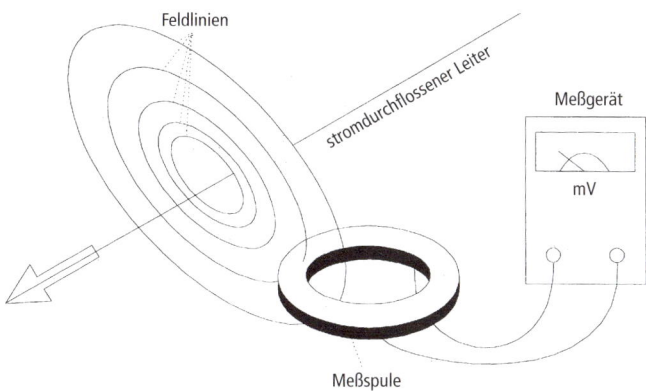

6.8
Spule zur Messung magnetischer Wechselfelder.
Quelle [2]

Feldlinien

stromdurchflossener Leiter

Meßgerät

mV

Meßspule

Meßgeräte

Das magnetische Wechselfeld wird in der Regel über die in einer Meßspule (Sonde) induzierte Wechselspannung (in Volt) gemessen; die Höhe der induzierten Spannung ist allerdings nicht nur proportional zur magnetischen Feldstärke, sondern steigt auch proportional zur Frequenz des Wechselfeldes. Bei einfachen Meßgeräten ohne Frequenzfilter muß die Anzeige daher für die Frequenz des Wechselfeldes (z.B. 50 Hz) geeicht sein oder der angezeigte Meßwert ist – bei abweichenden Frequenzen – durch einen entsprechenden Korrekturfaktor umzurechnen, der bei der Eichung des Meßgerätes ermittelt wird. Billiggeräte messen oft über ein breites Frequenzband, wobei die Anzeige nur für bestimmte Frequenzen geeicht und entsprechend genau ist. Es gibt inzwischen aber auch einige Geräte (Preis: 400 bis 2000 DM), bei denen einzelne Frequenzbereiche, z.B. Bahnstrom oder 50 Hz, einstellbar sind. Bessere Meßgeräte mit Frequenzfiltern erlauben frequenzselektive Messungen der magnetischen Feldstärke, liefern also separate Meßwerte für Felder aus Bahnstromanlagen (16 $^2/_3$ Hz), Netzstrom-Installationen (50 Hz) und für höherfrequente Felder (z.B. bei 20 bis 100 kHz). Da im Wohn- und Schlafbereich vorwiegend mit installations- und gerätebedingten magnetischen Wechselfeldern zu rechnen ist,

genügt im allgemeinen ein einfaches Meßgerät, das im 50 Hz-Bereich genau mißt. In der Nähe von Bahnstromanlagen kann es hingegen sinnvoll sein, auch das Wechselfeld bei 16 $^2/_3$ Hz mit einem dafür geeichten Meßgerät zu bestimmen. Um in der Umgebung von Energiesparlampen, elektronischen Trafos für Halogenlampen und anderen elektronischen Geräten die hochfrequenten Wechselfelder (20 bis 100 kHz) zuverlässig messen zu können, muß das Meßgerät für dieses Frequenzspektrum geeicht sein, also über entsprechende Filter und Meßbereiche verfügen.

Eine einzelne Spule mißt das magnetische Feld eindimensional, d.h. nur in einer Richtung. Je nachdem, wie die Spule in dem Magnetfeld ausgerichtet wird, verändert sich die Größe der induzierten Spannung. Um alle Richtungskomponenten der Feldstärke zu erfassen, müßte man drei Messungen in drei zueinander senkrechten Richtungen durchführen und daraus die geometrische Summe berechnen. Da dies relativ aufwendig ist, werden heute Meßgeräte mit drei orthogonal zueinander ausgerichteten Spulen eingesetzt, welche die resultierende Feldstärke anzeigen. Messungen mit einer eindimensionalen Spule haben gegenüber der dreidimensionalen Messung allerdings den Vorteil, daß durch Drehen der Spule die Richtung der Feldlinien erkennbar ist und

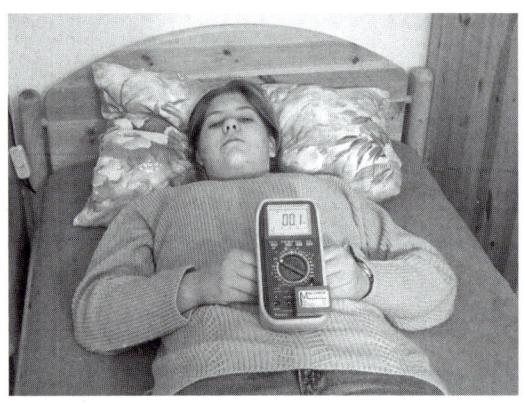

6.9
Das örtliche magnetische Wechselfeld wird vom für Magnetfeldmessung ausgerüsteten Meßgerät direkt angezeigt.

Uhrzeit	Magnetisches Wechselfeld	Aktivität
9 Uhr	0,02 µT	–
12 Uhr	0,20 µT	Kochen
15 Uhr	0,02 µT	–
18 Uhr	0,02 µT	–
20 Uhr	0,20 µT	Kochen
22 Uhr	0,06 µT	TV
2 Uhr	0,8 µT	Nachtspeicherheizung ein
5 Uhr	0,8 µT	Nachtspeicherheizung ein

Tabelle 6.2:
Meßprotokoll einer magnetischen Wechselfeld-Messung. Da die Intensität des magnetischen Wechselfeldes vom Stromverbrauch abhängt, können mehrere Messungen zu verschiedenen Zeitpunkten sinnvoll sein.
Im Beispiel wird eine elektrische Nachtspeicherheizung ferngesteuert vom Elektrizitätswerk ein- und ausgeschaltet. Da das magnetische Wechselfeld nur bei Stromfluß auftritt, ist eine Langzeitmessung notwendig, um die wirksame Intensität dieses Feldes zu ermitteln. Das Meßgerät sollte dazu sowohl den kurzzeitig auftretenden Effektivwert anzeigen, als auch die gemittelte Langzeitdosis. Hier wird das zulässige magnetische Wechselfeld am Schlafplatz (0,2 µT) in der Nacht erheblich überschritten.

so die Quelle des magnetischen Wechselfeldes besser geortet werden kann.
Im Unterschied zum elektrischen Wechselfeld ist zu beachten, daß beim Messen des magnetischen Wechselfeldes das betreffende Gerät eingeschaltet ist bzw. die Leitung Strom führt.

Abhilfemaßnahmen bei Belastungen

Da magnetische Wechselfelder praktisch nicht abschirmbar sind, bleibt als Gegenmaßnahme nur das Abstandhalten und/oder das Abschalten. In seltenen Einzelfällen mag die sehr teure Abschirmung mit Blechen aus Spezriallegierungen (Mu-Metall) angebracht sein.
Genau genommen ist die induzierte Spannung nicht ein Maß für das magnetische Wechselfeld, gemessen in Ampère pro Meter (A/m), sondern für die magnetische Flußdichte, gemessen in Nano-Tesla (nT). Zwischen diesen beiden Größen besteht aber ein definierter Zusammenhang: 1 A/m entspricht 1257 nT. Zwischen der früher benutzten Einheit Milli-Gauß (mG) und Nanotesla (nT) besteht folgende Beziehung:
100 nT = 1 Milli-Gauß (mG).

Rechte Seite:

6.10 links oben
Digitales Multimeter als Basisgerät.

6.11 rechts oben und rechts Mitte
Multimeter mit Antenne für die Messung des elektrischen Wechselfeldes.

6.12 links unten
Multimeter mit Handsonde zur Messung der kapazitativen Ankopplung des Körpers an das elektrische Wechselfeld.

6.13 rechts unten
Digitalmultimeter mit Sonde zur Messung magnetischer Wechselfelder.

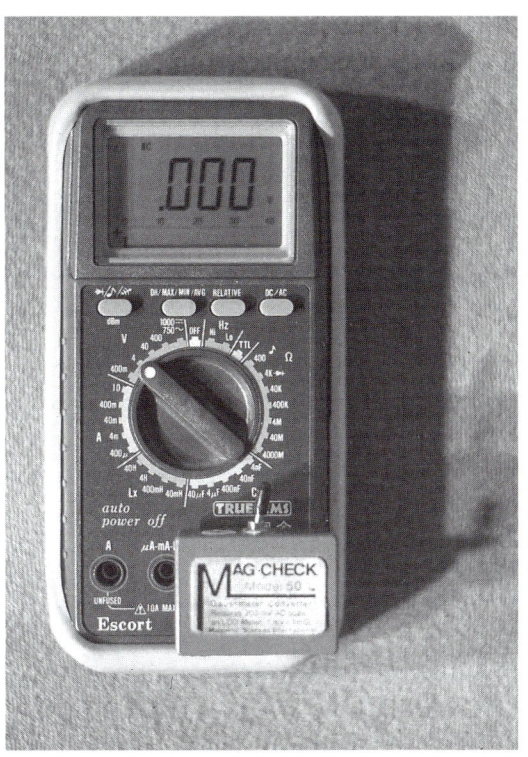

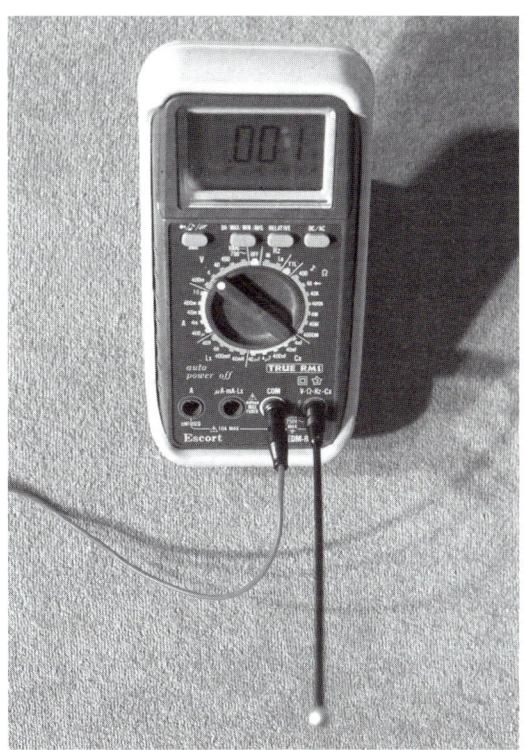

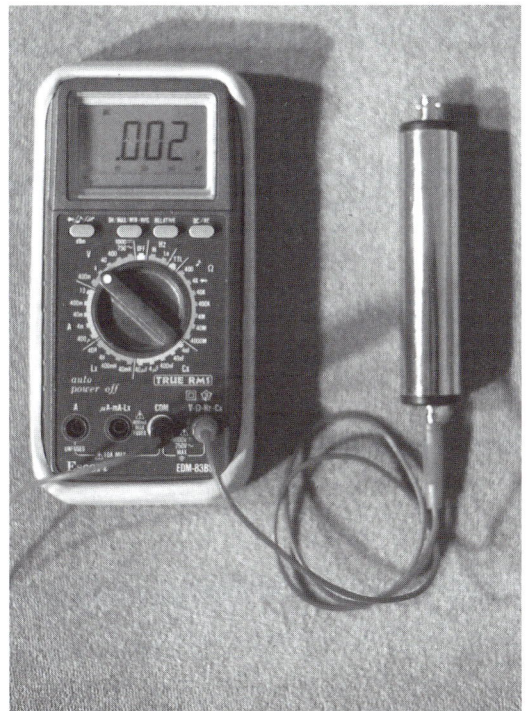

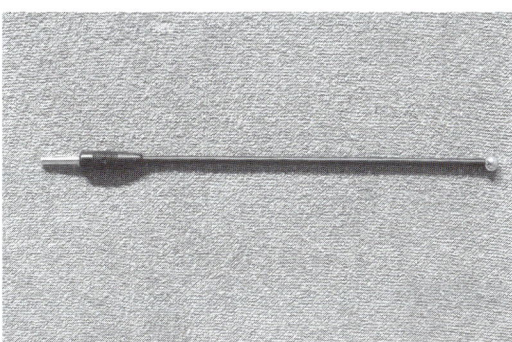

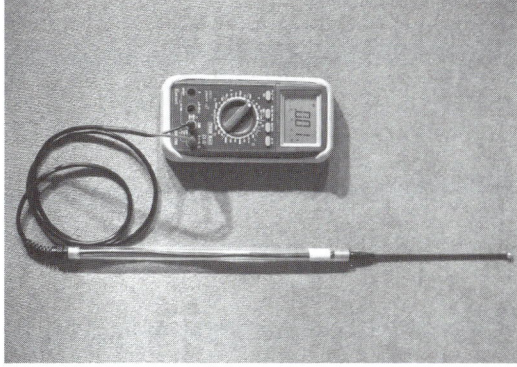

Digitales Multimeter
zur Messung elektrischer und magnetischer Felder

Mit einem guten, ausreichend empfindlichen *digitalen Multimeter* (Eingangswiderstand > als 10 MΩ, Eingangskapazität < 100 pF) als zentralem Anzeigeinstrument läßt sich in eine Art Meß-Baukasten zusammenstellen, bei dem das Multimeter durch spezielle Sonden für die verschiedenen Meßaufgaben ausgerüstet wird. Einfache Meßgeräte mit diesen Eigenschaften bekommt man im Elektronik-Handel bereits für ca. 100 DM. Teurere Meßgeräte unterscheiden sich von der einfachen Ausführung zum einen in der höheren Auflösung und Genauigkeit und zum anderen in der Möglichkeit, neben der Effektivwert-Messung auch Langzeitmessungen durchführen und aus den über einen Zeitraum hinweg gespeicherten Daten einen Mittelwert berechnen zu können. Diese besseren digitalen Multimeter kosten etwa 600 bis 800 DM.

Die Sonden haben die Aufgabe, das jeweils zu messende Feld in eine elektrische Spannung umzuwandeln, die mit dem Multimeter angezeigt werden kann. Elektrische Wechselfelder können mit einer Handsonde gemessen werden, die einschließlich Anschlußkabel und Erdungskabel etwa 50 DM kostet; die Antenne zur Messung des elektrischen Wechselfeldes kostet einschließlich Anschlußkabel etwa 130 DM. Die Sonde zur Messung des magnetischen Wechselfeldes ist eine Spule, die das Feld in einer Ebene (eindimensional) mißt; sie kostet ca. 250 DM. Eine dreidimensionale Handsonde zur Messung des magnetischen Wechselfeldes ist zur Zeit nicht verfügbar. Die Sonde zur Erfassung der Leistungsdichte von Hochfrequenzfeldern kostet etwa 450 DM.

Zur Zeit wird ein Allzweck-Meßgerät entwickelt, das den Anforderungen für die Messung der verschiedenen Felder im Haus entspricht und folgende Messungen ermöglicht:

- das elektrische Wechselfeld in Volt/m,
- das magnetische Wechselfeld (dreidimensional) in Nanotesla, getrennt für Bahnfrequenz $16 \, {}^{2}/_{3}$ Hz und elektrischen Netzstrom (50 Hz),
- die Hochfrequenz.

Bei diesem Meßgerät ist der Anschluß an einen Computer möglich bzw. vorgesehen, um die Meßdaten speichern und per EDV-Programm auswerten und ausgeben zu können.

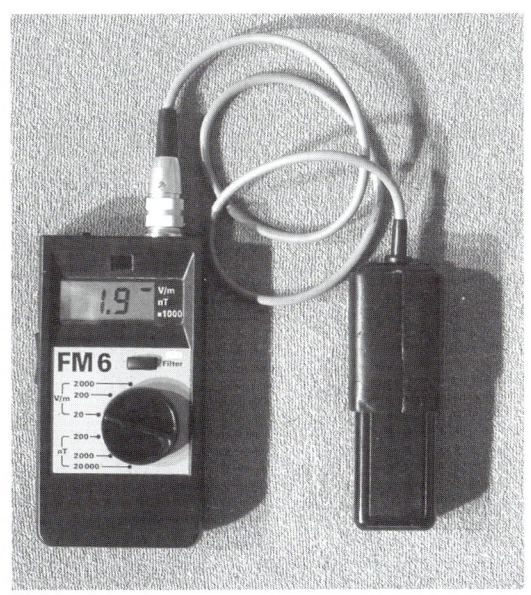

6.14 Drei Einzelmeßgeräte
a) zur Messung von elektrischen und magnetischen Wechselfeldern (links oben)

b) zur Messung von magnetischen Feldern
   (rechts oben)

c) zum qualitativen Nachweis von
   HF-Strahlung (links unten)

6.15 rechts unten
HF-Antenne für das Multimeter.

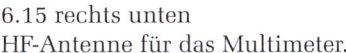

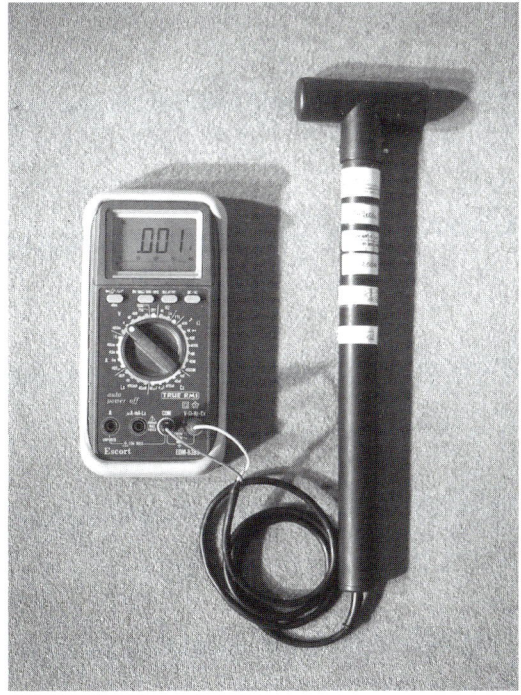

6.5 Hochfrequenz-Felder

Bei der Hochfrequenzstrahlung, die von etwa 30 kHz bis 300 GHz reicht, handelt es sich um verkettete elektrische und magnetische Felder. Hier spielt neben der Intensität immer auch die Frequenz der Strahlung eine entscheidende Rolle für die Bewertung der Schädlichkeit.

Meßgeräte

Für die qualitative Messung an Aufenthalts- und Schlafplätzen können relativ einfache Meßgeräte mit einer HF-Antenne als Sonde zum Einsatz kommen. Die von der HF-Antenne aufgenommene Wechselspannung wird zunächst gleichgerichtet und kann dann mit einem empfindlichen Multimeter (Eingangswiderstand 10 MΩ) angezeigt werden. Der meßbare Frequenzbereich des in Abb. 6.15 gezeigten Gerätes reicht beispielsweise von 20 kHz bis 1,2 GHz. Die vereinfachte HF-Antenne mit dem Multimeter liefert einen Meßwert, aus dem sich mit den zugehörigen Umrechnungsdiagrammen die jeweilige Feldstärke (in V/m) bzw. die Leistungsflußdichte (in mW/cm^2) ermitteln läßt. Bei solchen Messungen ist zu beachten, daß elektromagnetische Wellen unterschiedliche Polarisationsebenen haben können; daher ist durch Drehen der Meßantenne eine Richtungsabhängigkeit zu prüfen und ggf. die Antenne so zu drehen, daß die maximale Leistung angezeigt wird. Außerdem können, wie beim magnetischen Wechselfeld auch, hier je nach Strahlungsquelle Langzeitmessungen sinnvoll sein.

Messungen der Leistungsflußdichte mit der HF-Antenne liefern nur sinnvolle Ergebnisse, wenn eine gewisse Mindestentfernung zum Strahler (Sender) eingehalten wird; konkret beziehen sich die zum oben erwähnten Multimeter gehörigen Umrechnungsdiagramme auf Messungen im Fernfeld von Sendern. Dieses Fernfeld setzt einen Mindestabstand zwischen Strahlungsquelle und Meßantenne von mindestens einer Wellenlänge voraus. Die Mindest-Abstände sind somit frequenzabhängig, in Tabelle 6.3 sind einige Beispielwerte genannt. Bei „gepulster Strahlung" (gebräuchlich z.B. im D- und E-Netz, bei Funktelefonen nach DECT-Standard, Radar usw.) zeigt das Meßgerät oft nur einen Mittelwert an, der weit unterhalb der Spitzenleistung der einzelnen Impulse liegt. Die Spitzenleistung und -belastung kann bis zu 1000 mal höher liegen als der angezeigte Mittelwert. Bei der Risikobeurteilung durch HF-Strahlung sind möglichst die Spitzenwerte (peaks) heranzuziehen. Können nur gemittelte Werte gemessen werden, so ist bei gepulster HF-Strahlung ein wesentlich niedrigerer Grenzwert anzusetzen als bei ungepulster Strahlung.

Die HF-Antenne (Sonde) reagiert auch auf niederfrequente Felder bis in den kHz-Bereich, wie sie vor allem von Computer- und Fernsehbildschirmen, Leuchtstoff- und En-

6.16
Messung der HF-Belastung vor Ort.

ergiesparlampen ausgehen, aber auch durch Oberwellen im elektrischen Hausinstallationsnetz auftreten können. Da es sich um eine Nahfeldmessung handelt, ist der Einfluß solcher Störungen in der Praxis schwer einzuschätzen.

Genaue *Meßgeräte für die Hochfrequenz-Leistungsdichte* sind sehr aufwendig und entsprechend teuer, nicht zuletzt, weil es auch hier notwendig ist, die verschiedenen Frequenzbereiche differenziert zu betrachten. Für die in den vergangenen Jahren eingeführte digitale Sendetechnik, wie sie bei Funktelefonen z.B. im D-Netz zum Einsatz kommt, gibt es bis heute keine genauen Leistungsmeßgeräte, die eine Bewertung des gesundheitlichen Risikos zulassen. Der Preis eines Meßgerätes für die Leistungsflußdichte der Hochfrequenz liegt bei ca. 5000 DM.

Frequenz	Art der Strahlung	Mindestabstand für die Messung
800 KHz	Mittelwellensender	375 m
100 MHz	UKW-Sender	3 m
450 MHz	Telefon-C-Netz	67 cm
700 MHz	Fernsehen-UHF	43 cm
900 MHz	Telefon-D-Netz	30 cm
1,56 GHz	Mikrowellensender	20 cm
2 GHz	E-Netz	15 cm

Tabelle 6.3
Mindestabstand von Sendern für die Messung der HF-Leistungsflußdichte.
Messungen der HF-Strahlung liefern nur im Fernfeld der Strahlungsquelle sinnvolle Werte. Im Nahfeld des Senders (Abstand kleiner als eine Wellenlänge) ist eine genaue Messung der Leistungsflußdichte nicht möglich. Die Tabelle nennt in Abhängigkeit von der Frequenz die Wellenlänge und damit den Mindestabstand für sinnvolle Messungen.

Abhilfemaßnahmen bei Belastungen:

Überschreiten die Meßergebnisse am Ruhe- oder Schlafplatz die baubiologischen Richtwerte, können Abschirmmaßnahmen (metallische Umhüllung mit Erdung) erwogen werden. Generell gilt:

- Verursacher abschalten,
- Abstand zu hochfrequenzabstrahlenden Geräten vergrößern,

Tabelle 6.4
Vor Ort festgestellte HF-Belastung.
Ergebnis: Leichte Einstrahlung durch das Fenster vom benachbarten Mobilfunk-Sendeturm (C-Netz). Die Sparlampe als Leselicht sollte unbedingt durch eine normale Glühlampe ersetzt werden.

Meßpunkt	Abstand	Störspannung	HF-Leistungs- dichte	Umrechnung HF-Feld	Bemerkung
Südfenster	50 cm von Glasscheibe	15 mV	0,5 µW/cm²	1,4 V/m	C-Netz
Leselicht, Energiesparlampe	35 cm	360 mV	8 µW/cm²	5 V/m	
Kopf		8 mV	0,03 µW/cm²	0,3 V/m	
Rumpf		9 mV	0,04 µW/cm²	0,4 V/m	
Füße		9 mV	0,04 µW/cm²	0,4 V/m	

Meßgerät: DMM- Escort EDM 83BS, Meßsonde: HF-Meßantenne T-Merkel Meßtechnik, Ort: Kinderzimnmer 17.30 – 18.30 Uhr

Ergebnis: Leichte Einstrahlung durch das Fenster vom benachbarten Mobilfunk-Sendeturm (C-Netz). Sparlampe als Leselicht unbedingt durch normale Glühlampe ersetzen.

- Abschirmen mit besonderen Materialien, z.B. Stoffe, Netze, Gitter. Die Dämpfungswirkung ist frequenzabhängig. Es werden auch Glasscheiben mit eingebetteten Metallnetzen angeboten, die z.B. zur Abschirmung von abhörsicheren Räumen verwendet werden. Auch massive Bauteile wie Betonwände schirmen teilweise die HF-Strahlung ab.

6.6 Radongas und Radioaktivität

Bei der Bestimmung der radioaktiven Belastung im Haus muß unterschieden werden zwischen Radongas, das aus dem Erdreich in die Kellerräume eindringt und radioaktiv belasteten Baustoffen. Wird eine Belastung der Raumluft festgestellt, ist in der Regel Radongas vorhanden; um dies sicher festzustellen, können mehrere Messungen in verschiedenen Geschossen oder Räumen erforderlich sein.

Geht die Radioaktivität dagegen von Bauteilen oder Gegenständen aus, wird eine Stoffprobe im Labor in einem Gammaspektrometer untersucht. Soll ein Raum im Haus auf seine radioaktive Strahlung untersucht werden, wird zunächst mit einem Geigerzähler eine Umgebungsmessung durchgeführt und ein Referenzwert ermittelt, der dann mit dem Wert im Untersuchungsraum verglichen wird. Weicht dabei die radioaktive Strahlung stark von der Strahlung in der Umgebung ab, muß ihre Quelle mittels Geigerzähler geortet werden. Ein radioaktiver Baustoff kann nicht abgeschirmt werden, da es sich in diesem Fall fast immer um Gamma-Strahlung handelt.

Radongasmeßgerät

Das Dosimeter zur Messung der radioaktiven Belastung durch Radongas ist eine mit Aktivkohle gefüllte Metalldose, die einige Tage in dem untersuchten Raum aufgestellt wird. In einem Fachlabor wird nach Abschluß der Messung die Aktivkohle auf ihre Aktivität hin untersucht. Eine solche Passivsammlerdose kostet einschließlich der Untersuchung und der Übermittlung des Meßergebnisses etwa 90 DM. Die Messung von Baustoffen auf ihre natürliche Radioaktivität ist etwa ebenso teuer.

Aufwendiger, aber genauer und schneller arbeitet ein Radongasmonitor. Bei diesem Gerät wird die eingesaugte Luft sofort auf ihren Radongasgehalt (bzw. die Radioaktivität) untersucht und angezeigt; durch Beobachten der Meßwertänderungen ist im Einzelfall ein Aufspüren der Austrittsstelle möglich.

Abhilfemaßnahmen bei Belastungen:

- Abdichten von Rissen in der Außenwand und im Boden des Kellers gegen eindringendes Radongas,
- Dauerlüftung im Keller oder in einzelnen Räumen,
- Austausch von belasteten Baustoffen (Schlackenfüllung in Decken, Fliesen).

6.7 Sichtbares Licht

Zur Überprüfung bestehender, wie auch bei
der Planung neuer Beleuchtungsanlagen ist
es notwendig, die Beleuchtungsstärke quan-
titativ zu erfassen. Gemessen wird die Beleuchtungsstärke mit einem sogenannten
Luxmeter. Die Angaben der DIN 5035 für
Verkehrswege beziehen sich auf Meßwerte
in 0,2 m Höhe über dem Fußboden, sonst
wird auf der Höhe der horizontalen Arbeits-
fläche gemessen, also in ca. 70 bis 85 cm
Höhe. Das Lichtspektrum der vorhandenen
Beleuchtung wird mit einem Meßgerät bestimmt. Bei der Messung muß außerdem
zwischen dem direkten und diffusen Anteil
des Lichts unterschieden werden.

Beleuchtungsstärkemeßgerät

Zur Messung der Beleuchtungsstärke wird
ein sogenanntes Luxmeter eingesetzt, das
ähnlich funktioniert wie der Belichtungs-
messer beim Photoapparat. Eine Selenmeß-
zelle oder ein Silizium-Fotoelement nimmt
das vorhandene Licht auf und wandelt es in
eine Spannung um, die mittels Anzeigeinstrument und einer in Lux (lx) geeichten
Skala angezeigt wird. Der Meßbereich soll 1
bis 200.000 lx umfassen.

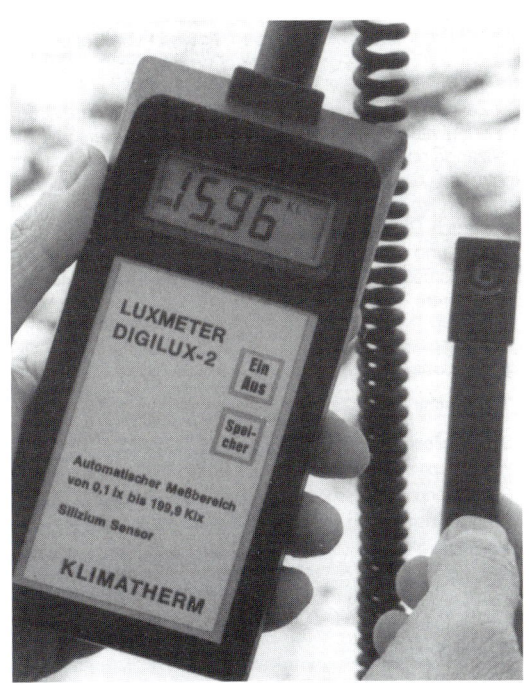

6.17 Luxmeter

7. Beratungsstellen, Bezugsquellen

Beratungsstellen / Baubiologische Arbeitskreise

Arbeitsgemeinschaft der Verbraucherverbände AgV
Heilsbachstr. 20, 53123 Bonn
Tel.: 0228/6489-0
diverse Informationsbroschüren zu Elektro-Belastung, Licht und Beleuchtung, usw.

Arbeitskreis Elektro-Biologie e.V., Dr. Klaus Steimgraber, Pognerstr. 5, 81379 München
Tel.: 089 / 74299741

Arbeitskreis für Elektrosensible, Hattinger Str. 72
44789 Bochum
Tel.: 0201/8681641

Bundesverband gegen Elektrosmog e.V., Am Freudenberg 4b
42119 Wuppertal,
Tel.: 0202/4085077 sowie
Manfred Fritsch,
Stuttgarter Str. 13,
70736 Fellbach
Tel.: 0711/588158

ECOLOG Institut für solzialökologische Forschung und Bildung, Niessschlagstr. 26, 30449 Hannover
Tel.: 0511/457071

IBN Institut für Baubiologie und -ökologie, Holzham 25
83115 Neubeuern
Tel.: 08035/20 39

Katalyse, Institut für angewandte Umweltforschung, Remigiusstr. 21, 50937 Köln
Tel.: 0221/944048-8t

Öko-Zentrum Nordrhein-Westfalen, Sachsenweg 8
59073 Hamm
Tel.: 02381/30 22 00

in Österreich:

IBO Österreichisches Institut für Baubiologie und -ökologie
Landstraßer Hauptstrasse 67
A-1036 Wien
Tel.: 0043/01 71 33 79 30

in der Schweiz:

Schweizerische Interessensgemeinschaft für Baubiologie/ Bauökologie, Dubbsstr. 33
CH-8003 Zürich
Tel.: 0041/1/4 63 48 68

Meßgeräte und Installationszubehör

Aaronia AG
Kauthenbergstr. 14
54597 Euscheid
Tel.: 06556-93033
Messgeräte

BioSol, Hauptstr. 58a
53474 Bad Neuenahr
Tel.: 02641/78423
Installationsmaterial

Bio-Physik Mersmann GmbH
Laacher Str. 19,
56653 Bassenach
Tel.: 02636/16 16
Messgeräte

Endotronik GmbH
Rosenheide 8, 88260 Argenbühl, Tel.: 07566/4 65
Messgeräte

Genitron Instruments GmbH
Heerstrasse 149
60488 Frankfurt/Main
Tel.: 069/97 65 14 - 0
Messgeräte

Gigahertz Solutions GmbH
Mühlsteig 16, 90579 Langenzann, Tel.: 09101-9093-0
Messgeräte

Jahnke Bioelektronik GmbH
Schützenstrasse 14
87616 Markt Oberdorf
Tel.: 08342/49 59
Messgeräte

Kirchner GmbH
Hochallee 49, 20149 Hamburg
Tel.: 040/41 78 34
Messgeräte

Schalk, Am Stellwinkel 2
87784 Westerhelm
Tel.: 08336/15 86
Netzfreischalter

Fauser Elektrotechnik
Ambacherstr. 4
81476 München
Tel.: 089/7 45 97 89
Messgeräte

Vögele Entwicklungs- und Vertriebsgesellschaft
Schwabstrasse 14
71106 Magstadt
Tel.: 07159/4 23 77
Messgeräte, Netzfreischalter

Firma Biologa
Dorfstr. 42
79801 Hohentengen
Tel.: 07742/919110
Netzfreischalter, Installationsmaterial

Fa. Arkanum Fachmarkt
Seemühle 11
71665 Vaihingen
Tel.: 07042-81600
fachmarkt für baubiologische Artikel

Knauf Westdeutsche Gipswerke, Produktmanagement Putze, Am Bahnhof 7
97346 Iphofen. Tel: 09323-310
Abschirmputz

8. Quellen

[1] Leitgeb, Norbert: *Strahlen, Wellen, Felder*. Thieme Verlag, Stuttgart 1990

[2] Katalyse e.V.: *Elektrosmog*. C.F. Müller Verlag, Heidelberg 1995

[3] König, Herbert; Folkerts, Enno: *Elektrischer Strom als Umweltfaktor*. Pflaum-Verlag, München 1992

[4] Hardy Ralph, etaliter,: *Einführung in die Wetterkunde*. Christian-Verlag, München 1982

[5] Maes, Wolfgang: *Streß durch Strom und Strahlung*. Institut für Baubiologie und Ökologie, Neubeuern 1995

[6] Hauf, Rudolf: *Gesundheitliche Aspekte zur Wirkung energietechnischer Felder*. in Beckert J. et.al.: Gesundes Wohnen. Beton-Verlag, Düsseldorf 1986

[7] Wohlfeil, Joachim Gottfried: *Gesund wohnen – gesund schlafen*. Dr. Werner Jopp Verlag, Wiesbaden 1995

[8] Fritsch, Manfred: *Handbuch gesundes Bauen und Wohnen*. Deutscher Taschenbuch Verlag, München 1996

[9] Bund Deutscher Zimmermeister: *Holzrahmenbau*. Bruder Verlag, Bonn 1985

[10] König, Holger: *Wege zum gesunden Bauen*. öko-buch Verlag, Staufen 1997

[11] Diverse Autoren Verlag Wohnung und Gesundheit, Neubeuern

[12] Rothdach, Peter: *Was kann man von geobiologischen Abschirm- und Entstörmaßnahmen erwarten?* Privates Manuskript, München 1989

[13] *Meyers großes Taschenlexikon*, Bd. 6. Mannheim 1992

[14] Laux, H-J.; Schulz, P.: *Wirkung elektromagnetischer Wellen und Felder bei Kleinsendeanlagen*. in Umwelt und Gesundheit, 2/96; Karl F. Haug Verlag, Heidelberg 1996

[15] Drischel, Rüdiger: *Licht und Beleuchtung*. Schriftenreihe der Verbraucherverbände, Bonn 1992

[16] *Leben im Feld*. in Umweltnachrichten 56/94, Umweltinstitut München, München 94

[17] *Elektrosmog*. BUND LV Baden-Würtemberg, Stuttgart 1993

[18] Goldt, Ursula: *Elektro-Smog – ein spezifisches Holzhausproblem?* Seminar Öko-Zentrum NRW, Hamm 1996

[19] Cejka, Regine: *Bei Anruf: Smog*. in Ökotest 9/94, Frankfurt 1994

[20] *Strombasiswissen*, Heft Nr. 121. Elektrizitätswirtschaft e.V. (Hrsg.), Frankfurt

[21] Bueno Mariano: *El gran libro de la casa sana*. Barcelona 1992

[22] d-extract, Infodienst für neuzeitliches Bauen Nr. 18 (Hrsg.): *Grundlagen und Beispiele für die solare Nutzung von Dachflächen*. Bonn 1997

[23] Ecolog-Institut: *Wir reden von Elektrosmog*: Verbraucher-Zentrale Niedersachsen, Hannover 1995

[24] Varga, Andreas: *Elektrosmog*. Eigenverlag, Heidelberg 1995

[25] Informationszentrum Energie, Landesgewerbeamt Baden-Würtemberg, Hrsg.: *Energiesparen im Altbau*. Stuttgart

[26] Bund deutscher Zimmermeister (Hrsg.): *Holzrahmenbau*. Karlsruhe 1996

[27] Fränkische Rohrwerke, Königsberg/Bayern 1994

[28] Lotz, Karl-Ernst: *Die unsichtbare Gefahr*. in Heraklith-Rundschau, Wien 1996

[29] Ladener, Heinz Hrsg.: *Vom Altbau zum Niedrigenergiehaus*. Staufen 1997

[30] Gresens, Fred: *Elektro, Installation, Planung*. Schriftenreihe Lehrstuhl TA, Uni Karlsruhe 1995

[31] *RWE-Bauhandbuch*. 11. Auflage, RWE Energie AG, Essen 1997

[32] Fa. Doepke, Norden

[33] Fa. Biologa

[34] Fa. Mers, Vechta

[35] Institut für Baubiologie und Ökologie: *Fernlehrgang Baubiologie*. Neubeuern 1998

9. Literatur

Brinkmann, H., Schäfer (Hrsg.): *Elektromagnetische Verträglichkeit biologischer Systeme.* VDE-Verlag, Berlin 1993
Die Wirkungsmechanismen elektromagnetischer Strahlung werden vorwiegend unter technischen Gesichtspunkten behandelt, vor allem unter dem Aspekt der Leitungsanordnungen. Die Ursachen sogenannter niederfrequenter magnetischer Felder wird untersucht. Die Ergebnisse von Wohnungsmessungen in Berlin und Braunschweig dargestellt. Die Ausführungen über Maßnahmen zur Reduzierung dieser Felder sind leider recht kurz (2 Seiten).

Leitgeb, Norbert: *Strahlen, Wellen, Felder.* Georg Thieme-Verlag, Stuttgart 1990
Basisinformation für jedermann, der physikalische Phänomene der elektrischen und magnetischen Felder verstehen will. Umfassend werden die physikalischen Grundlagen, das Vorkommen der Felder in der Natur und die künstlichen Felder dargestellt, ebenso die Auswirkungen dieser Felder auf den menschlichen Körper.

Maes, Wolfgang: *Streß durch Strom und durch Strahlung.* Institut für Baubiologie und Ökologie, Neubeuern 1992
Anhand vieler Fallbeispiele werden alle vorkommenden Phänomene der elektrischen und magnetischen Felder besprochen, zusätzlich auch die Belastungen durch Radioaktivität und giftige Gase. Umfangreiche Materialsammlung, sehr gut ist die Richtwerttabelle der elektrischen und magnetischen Strahlung, in der 4 Belastungsfälle unterschieden werden.

König, Herbert L.; Volkerts, Enno: *Elektrischer Strom als Umweltfaktor.* Pflaum-Verlag, München 1992
Prof. König hat in diesem Handbuch die Aufgabe übernommen, die elektrischen und magnetischen Felder mit ihrem Einfluß auf die Gesundheit des Menschen darzustellen, Der Architekt Volkerts zieht die Konsequenzen für die Elektroinstallation beim Hausbau. Diese Kooperation zwischen Naturwissenschaft und Anwendungstechnik ist für Handwerker und Bauherren gleichermaßen nutzbar.

Elektroinstallation. in: Baubiologiekurs des Institut für Baubiologie Rosenheim, Rosenheim 1994
Aus vielen Quellen zusammengeführt (Leitgeb, König, Volkerts, Rose) wird die Problematik verbrauchernah dargestellt. Auch eine umfangreiche Tabelle der Grenzwerte ist enthalten (Quelle Katalyse).

Elektrische Felder. Jubiläumskongreß des Institut für Baubiologie Österreich, Wien 1994
Der umfangreiche Reader gibt sehr unterschiedliche Positionen zur Gefahr durch elektromagnetische Felder wieder.

Varga, Andreas: *Elektrosmog.* Eigenverlag, Heidelberg 1995
Der Biologe untersucht den Einfluß der Elektrostatik auf die Luftqualität. Er stellt in Wort und Bild die Ergebnisse seiner Versuche, des Einflusses von niederfrequenten Feldern auf Pflanzen und Tiere dar. Die Ergebnisse sind erschreckend.

König, Herbert L.: *Unsichtbare Umwelt.* Eigenverlag, München 1986
Der Autor beschäftigt sich hauptsächlich mit den Phänomenen der natürlichen Strahlung und deren Grenzgebiete (Radiesthesie). Die umfangreiche Materialsammlung ist ohne konkrete Handlungsanweisung.

Katalyse e.V. (Hrsg.): *Elektrosmog.* C.F. Müller Verlag, Heidelberg 1995
Auf gut 200 Seiten haben die Autoren aus dem renommierten Katalyse-Institut die aktuellen wissenschaftlichen Forschungsergebnisse von künstlichen elektrischen und magnetischen Feldern umfassend dargestellt. Der mit vielen Quellenangaben versehene Inhalt erfüllt auch weitergehende Ansprüche in Bezug auf Wissenschaftlichkeit. Aus den wissenschaftlichen Erkenntnissen ziehen die Autoren Schlußfolgerungen für den alltäglichen Umgang mit

Elektrizität, geben Empfehlungen für Grenzwerte und für die Sanierung von belasteten Wohnungen. Ein sehr gelungenes Buch.

Ecolog-Institut: *Wir reden von Elektrosmog.* Verbraucher-Zentrale Niedersachsen, Hannover 1995
Auf nur 75 Seiten im DIN-A5-Format haben die Autoren das Thema für den Endverbraucher klar und verständlich aufbereitet. Es vermeidet unnötige Panikmache und will die Diskussion versachlichen. Es gibt wertvolle Tips für den alltäglichen Umgang mit Strom.

Bund Naturschutz, Landesverband Baden-Würtemberg (Hrsg.): *Elektrosmog Themenheft.* Stuttgart
In vielen Einzelartikeln wird versucht das Thema zu erläutern. Zum Teil interessante Informationen, aber es fehlt ein strukturierter Aufbau. Grundlagen werden nicht vermittelt.

10. Physikalische Einheiten

Wichtige Größen und Einheiten			
Physikalische Größe	**Einheiten**	**Kürzel**	**Beziehungen**
Elektrische Spannung	Volt	V	
	Kilovolt	kV	1 kV = 1000 V
Elektrische Stromstärke	Ampere	A	
Elektrische Leistung	Milliwatt	mW	
	Watt	W	1 W = 1000 mW
	Kilowatt	kW	1 kW = 1000 W
	Megawatt	MW	1 MW = 1000 kW
Elektrisches Feld	Volt pro Meter	V/m	1 kV/m = 1000 V/m
	Kilovolt pro Meter	kV/m	
Magnetisches Feld	Nanotesla	nT	
	Mikrotesla	μT	1 μT = 1000 nT
	Millitesla	mT	1 mT = 1000 μT
	Tesla	T	1 T = 1000 mT
Frequenz (Wechselfeld)	Hertz	Hz	
	Kilohertz	kHz	1 kHz = 1000 Hz
	Megahertz	MHz	1 MHz = 1000 KHz
	Gigahertz	GHz	1 GHz = 1000 MHz
	Terahertz	THz	1 THz = 1000 GHz
Elektomagnetisches Feld	Watt pro Quadratmeter	W/m^2	

Tabelle 10.1
Wichtige Größen und Einheiten.

Physikalische Größen und ihre Einheiten				
Giga	G	10^9	= 1.000.000.000	Milliarden
Mega	M	10^6	= 1.000.000	Millionen
Kilo	k	10^3	= 1.000	Tausend
Milli	m	10^{-3}	= 0,001	Tausendstel
Mikro	μ	10^{-6}	= 0,000.001	Millionstel
Nano	n	10^{-9}	= 0,000.000.001	Milliardstel

Tabelle 10.2
Abkürzung der Größenordnungen.

Weitere Bücher im öko buch Verlag

Gottfried Haefele, Wolfgang Oed, Ludwig Sabel

Hauserneuerung

Instandsetzen - Renovieren - Modernisieren: eine Anleitung zur Selbsthilfe. Das Buch beschreibt ausführlich den behutsamen, handwerklich sachgerechten und umweltverträglichen Umgang mit alter Bausubstanz. 237 S., 200 Abb., 1998   25,50 €

Holger König

Wege zum gesunden Bauen

Aus dem Inhalt: richtige Baustoffwahl, geeignete Baukonstruktionen mit Eigenschaften und Anwendungsbereichen, Beispiele ausgeführter Häuser, Baunormen, Bauphysik, Preise und Bezugsquellen.
264 S. m. v. Abb., 21 x 21cm gebunden, 10. Aufl. 1998   25,50 €

Othmar Humm

NiedrigEnergieHäuser

Theorie und Praxis. Von planerischen Konzepten über Baukonstruktionen, neue Produkte und energietechnische Maßnahmen wird gezeigt, wie moderne Niedrigenergiehäuser geplant u.gebaut werden.
294 S., m.v. Abb., 21 x 21 cm gebunden, Neuaufl. 1998   29,60 €

Othmar Humm

NiedrigEnergie- und PassivHäuser

Schneller Einstieg in die Techniken zukunftsweisenden Hausbaus: hochwärmedämmende Wand-, Dach- und Fensterkonstruktionen, Sonnenenergienutzung, Heizungs- und Lüftungstechnik. 126 S. m.v.Abb., 17 x 24 cm, 1998   15,30 €

Edgar Haupt

Wintergärten - Anspruch und Wirklichkeit

Ausführliche, praxisnahe Anleitung für Planung und Bau von Wintergärten: Raumklima, Konstruktionen, Materialien, Verglasungs- u. Klimatisierungssysteme, Bauschäden, Hinweise f.d. Bepflanzung. 2001, 190 S.m.v.Abb., 21x21cm   22,50 €

Ingo Gabriel, Heinz Ladener, Hrsg.

Vom Altbau zum Niedrigenergiehaus

Energietechnische Gebäudesanierung in der Praxis: Nachträglichen Wärmedämmung der Gebäudehülle, Fenstererneuerung, sowie Sanierung der Haustechnik einschließlich Lüftung Heizung, Sanitär und Elektro. 261 S. m.v. z.T. farb. Abb., 21x21 cm, geb. 3. völlig neu bearb. Aufl. 2002   29,90 €

Claudia Lorenz-Ladener, Hrsg.

Lauben und Hütten

Einfache Paradiese zum Selbstbauen. Bauanleitungen für einfache Behausungen (Tipi, Baumhaus, Kuppelbau, Hogan etc.), sowie für architektonisch gelungene Gartenlauben, die im Garten oder in freier Natur leicht errichtet werden können. 2002, 190 S. m. v.Abb., geb.   22,50 €

Gernot Minke

Das neue Lehmbau-Handbuch

Umfassendes Lehrbuch und Nachschlagewerk: Es zeigt Einsatzmöglichkeiten, Eigenschaften und Verarbeitungstechniken des Baustoffes Lehm. Mit Forschungsergebnissen u. Beschreibungen ausgeführter Lehmhäuser.
342 S. m.v. Abb., 21 x 21 cm, gebunden 5. erweiterete Aufl. 2001   35,30 €

Gernot Minke
Dächer begrünen – einfach und wirkungsvoll
Ratgeber über die Begrünung von Wohn- und Bürogebäuden, Garagen und Carports.
Mit Konstruktionsdetails, Dachaufbauten, Begrünungssystemen, Kosten u. Selbst-
bauhinweisen. 94 S. m. vielen Abb., 17 x 24 cm, 2000   12,70 €

Horst Crome
Handbuch Windenergie-Technik
Einführung in die Prinzipien der Windenergienutzung und Schritt-für-Schritt-Anlei-
tung für den Bau verschiedener solider, leistungsfähiger Windkraftanlagen zur
Stromerzeugung (200 W - 5 kW, 2 bis 7 m Rotor ø). 2000, 208 S. m.vielen z.T. farb.
Abb., gebunden   29,60 €

Heinz Ladener, Frank Späte
Solaranlagen
Grundlagen, Planung, Bau und Selbstbau von Solaranlagen zur Warmwasserberei-
tung und Raumheizung: Das Handbuch für Planer, Handwerker und Selbstbau-In-
teressierte. 265 S. m. vielen Abb., 21 x 21 cm, gebunden, 2001   29,60 €

Anreas Henze, Werner Hillebrand
Strom von der Sonne
Photovoltaik in der Praxis: Techniken, Anwendungsmöglichkeiten, Marktübersicht
und Anleitung zum Selbstbau kleiner autonomer Stromversorgungsanlagen für Hüt-
ten und Fahrzeuge. 133 S. m.v.Abb., 17 x 24 cm, 2. Aufl. 2002   12,95 €

Heinz Schulz, Barbara Eder
Biogas-Praxis
Nach den Grundlagen werden Anlagentechnik und Konstruktionsvarianten ausführlich beschrieben; Kapitel über Planung, Kofermentation, Hygienisierung u. ausge-
führte Anlagen runden das Buch ab. 165 S.m.v.Abb., 2. Aufl. 2001   25,00 €

Maggy Howarth
Kieselstein-Mosaik
Schöne Böden für Wege und Lieblingsplätze im Garten selbst gestalten. Exakte Anleitungen für einfache und fortgeschrittene Arbeiten mit Tips aus der Praxis. Viele
Gestaltungsvorschläge geben Anregung für eigenes kreatives Schaffen.
118 S. m.vielen z.T. farb. Abb., 2001   20,40 €

Jon Warnes
Mit Weiden bauen
Anleitungen für Zäune. Laubengänge, Wigwams, Sitzplätze und grüne Kuppeln. Ein
Kurs über das Arbeiten mit lebendem Material, der zeigt, wie viele schöne, nützliche
Dinge sich aus Weiden herstellen lassen. 2001, 60 S.m.v.Abb.   12,95 €

Alan und Gill Bridgewater
Bauen mit Frischholz
In diesen farbig bebilderten Anleitungsbuch wird gezeigt, wie Spaliere, Bänke, Zäune, Obeliske, Sichtschutzelemente, luftige Lauben und sogar kleine Brücken aus
frischem grünen Holz gebaut werden. 2002, 80 S., A4, gebunden   18,90 €

Daniel Mack
Möbel aus Wildholz
Wieviel Äste braucht ein Stuhl? Der Autor stellt moderne Wildholzmöbel vor und
beschreibt genau, worauf es bei der Auswahl des Holzes ankommt, wie Wildholz
bearbeitet und zu Möbeln zusammengefügt wird. 168 S.m.v.Abb. 2001   25,50 €

Claudia Lorenz-Ladener
Naturkeller
Grundlagen und praktische Anlagen für Planung und Bau von naturgekühlten Lager-
räumen im Haus oder Freiland. 140 S.m.v.Abb., 20x21 cm, 1990/1999   15,30 €

Claudia Lorenz-Ladener
Holzbacköfen im Garten
Detaillierte Bauanleitungen vom einfachen Lehmofen bis zum gemauerten Brotback-
häuschen. Mit vielen Erfahrungen und Ratschlägen sowie pfiffigen Tips und Rezepten.
138 S. m.v.Abb., 4. Aufl. 2002   15,30 €

Peter Weissenfeld, Holger König
Holzschutz ohne Gift
Holzschutz und -oberflächenbehandlung in der Praxis mit vielen Anleitungen und Rezepten für alle, die in Haus und Hof selbst zum Pinsel greifen. 14. Aufl. 2001, 164 S. m.
v.Abb.   15,30 €

Karl-Heinz Böse
Regenwasser für Garten und Haus
Ein kompetenter Ratgeber für Planung und Bau von Regenwassersammelanlagen nach
dem Stand der Technik: Bemessung, Genehmigung, Speichertanks, Pumpen, Rohrlei-
tungen und Zubehör. 110 S. m. v. Abb. A5, 1999   10,20 €

Hans-P. Ebert
Heizen mit Holz
Ein umfassender Ratgeber über Holzeinkauf, Zurichten des Waldholzes, Lagerung und
Trocknung, Anforderungen an Feuerstelle und Schornstein, verschiedene Ofentypen u.
ihre Einsatzbereiche. 132 S. m.v.Abb., 8. Aufl. 2002   10,20 €

Martin Werdich, Kuno Kübler
Stirling - Maschinen
Grundlagen u. Technik von Stirling-Maschinen, Überblick über erprobte Motorkonzepte
und ihre Vor- und Nachteile. Ausführliches Hersteller- u. Literaturverzeichnis sowie
Bauplan für ein Funktionsmodell. 128 S. m.v.Abb., A5, 2001   15,30 €

Dieter Viebach
Der Stirlingmotor
Einfach erklärt und leicht gebaut. Detaillierte Bauanleitung für einen funktionstüchti-
gen Modellmotor, hergestellt aus einer gewöhnlichen Konservendose und einfach nach-
zubauenden Holzteilen. 106 S. m.v.Abb., 17x24 cm, 4. Aufl. 2002   15,30 €

Uwe Hallenga
Wind: Strom für Haus und Hof
Bauanleitung mit Zeichnungssatz für eine leicht nachzubauende Windkraftanlage (Leistung ca. 200-500 W bei gutem Wind). 76 S.m.v.Abb., 8. Aufl.2001   7,60 €

Preisstand: 1.11. 2002   Unsere Bücher erhalten Sie in allen Buchhandlungen!

In unserer *Versandbuchhandlung* haben wir über 300 Titel auf Lager, die Sie direkt bei
uns bestellen können, und zwar zu folgenden Themen: Solararchitektur - Bauen & Selbstbau - Nutzung von Sonnen-, Wind- und Wasserkraft - Bioenergie - Energiekonzepte -
Land- und Gartenbau - Tierhal-
tung - gesunde Küche - und vieles mehr ....

öko buch Verlag GmbH

Fordern Sie einfach die große Buchliste an: Postfach 1126   79216 Staufen

✆ 07633-50613 · ✉ 50870 · email: oekobuch@t-online.de · http://www. oekobuch.de